# APPROXIMATIONS NUMÉRIQUES

# APPROXIMATIONS NUMÉRIQUES

## THÉORIE ET PRATIQUE

### DES

# CALCULS APPROCHÉS

PAR

## J. GRIESS

ANCIEN ÉLÈVE DE L'ÉCOLE NORMALE SUPÉRIEURE
AGRÉGÉ DES SCIENCES MATHÉMATIQUES
PROFESSEUR (COURS DE CENTRALE) AU LYCÉE CHARLEMAGNE

———

## PARIS

LIBRAIRIE NONY & Cⁱᵉ
17, RUE DES ÉCOLES, 17
1898

J'ai essayé d'exposer en ces quelques pages les procédés à employer pour effectuer les calculs approchés.

Pour tout ce qui concerne les erreurs absolues, j'ai suivi de très près la méthode indiquée par M. Guyou dans sa *Note sur les approximations numériques*; il a fort heureusement innové en cette matière. Les paragraphes 19-29 du chapitre II, 42-45 du chapitre III, et le chapitre IV s'y rapportent entièrement.

J'ai adopté la définition du nombre des chiffres exacts préconisée par M. Tannery dans ses excellentes *Leçons d'arithmétique* (p. 230); les règles qu'on en déduit (chap. V) obligent parfois à prendre dans les nombres donnés un chiffre décimal de plus que d'autres règles habituellement en usage; on y trouve l'avantage d'une rigueur indiscutable.

Ces règles conduisent à une valeur approchée par défaut du nombre cherché, il est souvent indifférent que ce résultat final soit approché par défaut ou par excès; lorsque cette valeur comporte $m$ chiffres, je propose de dire qu'elle est *connue avec $m$ chiffres (dont $m-1$ exacts)*, la parenthèse signifiant que le $m^e$ chiffre est incertain; c'est ou bien le chiffre exact, ou ce chiffre augmenté d'une unité. On retrouve ainsi les règles connues; mais il n'est permis de les appliquer que pour le résultat final.

J'ai traité dans le texte de très nombreux exemples; il m'a semblé que c'était une condition essentielle pour bien faire comprendre le maniement des règles établies. Chaque chapitre est suivi d'un résumé, destiné à graver dans l'esprit l'ensemble des règles et des définitions.

Des exercices sont indiqués à la fin, et parmi eux la plupart de ceux proposés aux concours d'admission à l'École Navale et aux Écoles d'Arts et Métiers. D'autres sont empruntés aux ouvrages de MM. Combette, Humbert, Tannery, etc.

J'espère que ce petit opuscule intéressera non seulement les candidats aux Écoles, mais aussi toutes les personnes qui, par profession, s'occupent de calculs approchés.

Paris, juillet 1897.

J. GRIESS.

# INTRODUCTION

Nous supposons connues dans ce qui suit les règles du calcul des nombres entiers et décimaux, en particulier celles qui se rapportent à la détermination du quotient de deux nombres à une unité près ou à moins de $\dfrac{1}{10^n}$ près, lorsqu'on ne fait subir aucune simplification aux nombres donnés ; de même les règles qui permettent d'extraire la racine carrée ou la racine cubique d'un nombre à moins d'une unité d'un ordre décimal déterminé. Enfin nous supposerons connue la règle de la racine carrée abrégée ; elle est souvent commode quand il faut déterminer un grand nombre de chiffres décimaux.

Quelques paragraphes de la méthode des erreurs absolues supposent la connaissance des dérivées ; ils ont été imprimés en plus petits caractères et peuvent être passés sans inconvénients.

# APPROXIMATIONS NUMÉRIQUES

## CHAPITRE I

### DES ERREURS

---

### Définitions.

**1.** Étant donné un nombre $a$, un autre nombre $a'$, peu différent de $a$, s'appelle une *valeur approchée de a par défaut* ou *par excès* suivant que $a'$ est plus petit ou plus grand que $a$, qui s'appelle le *nombre exact*.

**2.** On appelle *erreur absolue* du nombre approché $a'$ la valeur arithmétique de la différence entre le nombre approché et le nombre exact.

On appelle *erreur relative* du nombre approché $a'$ le quotient de l'erreur absolue par le nombre exact.

En désignant par $e_a$ l'erreur absolue, par $e_r$ l'erreur relative, on a donc les relations

$$e_a = a \cdot e_r, \qquad e_r = \frac{e_a}{a} \cdot$$

**3.** C'est la grandeur de l'erreur relative qui indique le mieux le degré d'exactitude du nombre approché. Si dans la mesure de deux longueurs différentes on commet la même erreur absolue d'un décimètre, mais si la première longueur comporte plusieurs décamètres, tandis que la seconde n'est que de quelques mètres, il est clair que la première longueur est mesurée plus exactement que la seconde. Si au contraire dans les deux mesures le rapport de l'erreur commise à la longueur à mesurer est le même, on doit considérer les deux mesures comme également approchées ; on voit que les erreurs relatives sont alors égales.

**4**. En général, les erreurs ne sont connues ni en grandeur, ni en sens. La plupart du temps, les nombres approchés sont déterminés à l'aide d'instruments : ce sont souvent des moyennes d'observations différentes ; les nombres provenant de ces observations sont approchés les uns par excès, les autres par défaut, de telle sorte qu'on ignore le sens de l'erreur finale. Tout ce qu'on sait en général, c'est que l'erreur est inférieure à un certain nombre qui s'appelle la *limite supérieure de l'erreur absolue de a* ; nous le désignerons par la notation $\Delta a$, qui signifie accroissement (positif ou négatif) de $a$.

**5**. Si on sait que le nombre $a'$ est approché *par défaut*, le nombre exact sera compris entre $a'$ et $a'+\Delta a$ ; si le nombre $a'$ est approché *par excès*, le nombre $a$ est compris entre $a'-\Delta a$ et $a'$ ; si on ignore le sens de l'erreur, on peut simplement affirmer que le nombre exact $a$ est compris entre $a'-\Delta a$ et $a'+\Delta a$.

Supposons par exemple que le nombre $a'=3{,}142587$ soit une valeur approchée d'un nombre exact $a$, avec une erreur absolue au plus égale à $0{,}002$. Si l'erreur est par défaut, $a$ est compris entre $a'$ et $3{,}142587+0{,}002=3{,}144587$. Si l'erreur est par excès, $a$ est compris entre $3{,}142587-0{,}002=3{,}140587$ et $3{,}142587$. Si enfin on ignore le sens de l'erreur, on peut simplement affirmer que $a$ est compris entre les nombres

$$3{,}140587 \qquad \text{et} \qquad 3{,}144587.$$

Les nombres $a'-\Delta a$ et $a'+\Delta a$ ainsi obtenus s'appellent respectivement une *limite inférieure* et une *limite supérieure* du nombre exact.

**6**. D'après la définition de l'erreur relative (2), on en obtient une limite supérieure en divisant une limite *supérieure* de l'erreur absolue par une limite *inférieure* du nombre.

On obtient au contraire une limite supérieure de l'erreur absolue en multipliant une limite *supérieure* de l'erreur relative par une limite *supérieure* du nombre.

$\Delta a$ représentant la limite supérieure de l'erreur absolue, nous représenterons par la notation $\dfrac{\Delta a}{a}$ la limite supérieure de l'erreur relative du nombre $a$.

On voit que l'approximation du nombre $a'$ est d'autant plus grande que l'erreur considérée (absolue ou relative) est plus petite.

**7**. $a'$ est une valeur approchée de $a$ à moins de $\Delta a$ près (ou $\pm\Delta a$ près). Il y a évidemment une infinité de nombres qui diffèrent de

$a$ de moins de $\Delta a$ ; ce sont tous ceux qui sont compris entre $a - \Delta a$ et $a + \Delta a$.

Supposons $\Delta a = \dfrac{1}{10^n}$ ; parmi tous les nombres qui diffèrent de $a$ de moins de $\dfrac{1}{10^n}$, il y en a deux et deux seulement ne comportant que $n$ décimales. En effet, si par exemple le nombre $a$ est compris entre 16,47 et 16,48, tout autre nombre n'ayant que deux décimales diffère nécessairement d'un centième au moins de l'un ou l'autre de ces deux nombres ; il diffère par suite du nombre exact de *plus* d'un centième.

Ces deux nombres formés de $n$ décimales seront désignés par la locution *valeurs approchées de $a$ à moins de $\dfrac{1}{10^n}$ près, par excès et par défaut.*

8. Les nombres que nous allons considérer seront supposés réduits en décimales ; nous admettrons qu'ils se composent d'une partie entière, qui peut d'ailleurs être nulle, et d'une partie décimale.

Un nombre quelconque ne peut, en général, être converti exactement en décimales ; il est représenté dans ce cas par un nombre illimité de décimales qui se suivent périodiquement quand le nombre est commensurable, sans périodicité s'il est incommensurable.

Convertir un nombre en décimales ou chercher les chiffres décimaux successifs, c'est chercher la suite des valeurs approchées *par défaut* de ce nombre à moins de $\dfrac{1}{10}$, $\dfrac{1}{10^2}$, ... Par conséquent, dire que

$$3,141592\ldots$$

est la représentation décimale d'un nombre, c'est dire que

$$3,1 \qquad 3,14 \qquad 3,141 \qquad 3,1415\ldots$$

sont les valeurs approchées *par défaut* de ce nombre à moins de $\dfrac{1}{10}$, $\dfrac{1}{10^2}$, $\dfrac{1}{10^4}$, $\dfrac{1}{10^5}$, .... Les valeurs approchées *par excès* s'en déduiront donc en augmentant chaque dernier chiffre décimal d'une unité, ce qui donne

$$3,2 \qquad 3,15 \qquad 3,142 \qquad 3,1416\ldots$$

Donner un nombre quelconque, c'est donc donner en général un nombre illimité de décimales. Même quand les nombres sont donnés sous forme décimale, on connaît en général un nombre de décimales supérieur à celui qui est nécessaire pour les besoins du calcul ; on a donc intérêt à supprimer les décimales inutiles. Le théorème suivant fournit une limite supérieure de l'erreur ainsi commise.

**9. Théorème.** — *En supprimant dans un nombre décimal toutes les figures décimales qui suivent celles de l'ordre n, on commet une erreur* PAR DÉFAUT *qui a pour limite supérieure* UNE *unité du $n^e$ ordre décimal; si en outre on force le dernier chiffre conservé d'une unité, lorsque le premier chiffre supprimé est 5 ou un chiffre supérieur à 5, on peut affirmer que le nombre approché obtenu diffère du nombre exact de moins d'*UNE DEMI-UNITÉ *du $n^e$ ordre décimal; mais l'erreur est par excès lorsqu'on a forcé le dernier chiffre.*

Soit en effet le nombre 3,1415728. D'après ce qui a été dit plus haut (8), le nombre 3,1415 est la valeur approchée par défaut de ce nombre à moins d'une unité décimale de l'ordre du 5. La première partie de la proposition est ainsi démontrée.

D'ailleurs le nombre 3,14157 est une valeur approchée du même nombre, par défaut à moins de $\dfrac{1}{10^5}$, et par suite 3,14158 en est une valeur approchée par excès à moins de $\dfrac{1}{10^5}$. Il en résulte que 3,1415 diffère du nombre exact en moins d'une quantité inférieure à $\dfrac{8}{10^5}$. Si donc on force le chiffre 5 d'une unité, on commet une erreur en plus égale à $\dfrac{1}{10^4} = \dfrac{10}{10^5}$, et par suite le nombre 3,1416 diffère du nombre exact *en plus* d'une quantité inférieure à

$$\frac{2}{10^5} < \frac{5}{10^5} = \frac{1}{2} \cdot \frac{1}{10^4}$$

Si le cinquième chiffre avait été un 2 au lieu d'un 7, un raisonnement analogue aurait fait voir que 3,1415 diffère du nombre exact *en moins* d'une quantité inférieure à $\dfrac{3}{10^5} < \dfrac{5}{10^5} = \dfrac{1}{2} \cdot \dfrac{1}{10^4}$.

On voit aisément qu'il faut raisonner de la première manière chaque fois que le premier chiffre supprimé est 5 ou un nombre plus grand que 5; de la seconde manière quand c'est un chiffre plus petit que 5.

**10. Nombre de chiffres exacts.** — Lorsqu'on connaît la valeur approchée *par défaut* d'un nombre à moins de $\dfrac{1}{10^n}$ près, on dit qu'on connaît ce nombre *avec n décimales exactes.*

Un nombre approché a *m chiffres exacts,* lorsque les $m$ premiers chiffres à gauche de ce nombre coïncident avec les chiffres de même rang du développement décimal du nombre exact, et qu'il n'en est pas de même du $(m+1)^e$ chiffre.

Le nombre formé par les $m$ premiers chiffres du nombre approché est alors la valeur approchée, *par défaut*, du nombre exact, à moins d'une unité décimale de l'ordre du $m^e$ chiffre (*).

Ainsi soit le nombre

$$\pi = 3,141592\ldots ;$$

le nombre $\pi' = 3,14257$ est une valeur approchée de $\pi$ avec trois chiffres exacts, avec deux décimales exactes.

**11. Nombre connu avec $m$ chiffres.** — On dit qu'un nombre approché $a'$ est *connu avec $m$ chiffres*, lorsque le nombre formé par ses $m$ premiers chiffres, comptés à partir du premier chiffre significatif à gauche, est l'une des valeurs approchées, par excès ou par défaut, du nombre exact, à moins d'une unité près de l'ordre du $m^e$ chiffre.

Dire, par exemple, que le nombre $a' = 5,71489$ est connu avec quatre chiffres, c'est dire que $5,714$ est l'une des valeurs approchées, par excès ou par défaut, du nombre $a$, à moins d'un millième près. Ce nombre $a$ est donc certainement compris entre $5,713$ et $5,715$; les chiffres $5$, $7$, $1$ sont donc exacts, au sens de la définition (10); quant au chiffre $4$, il est exact si $5,714$ est la valeur approchée de $a$ à un millième près par défaut; il est trop fort d'une unité dans le cas contraire.

En général, quand un nombre est *connu avec $m$ chiffres*, ses $m-1$ premiers chiffres sont exacts; le $m^e$ est incertain, en ce sens que c'est le chiffre exact, ou bien ce chiffre augmenté d'une unité.

Pour éviter la confusion possible, nous dirons souvent que ce nombre est « *connu avec $m$ chiffres (dont $m-1$ exacts)* ».

## Relations entre l'erreur absolue et le nombre des chiffres exacts.

**12. Théorème.** — *Lorsqu'un nombre approché a $n$ décimales exactes, une limite supérieure de son erreur absolue est égale à* $\dfrac{1}{10^n}$.

Soit le nombre $\pi' = 3,14257$ connu avec deux décimales exactes. Supprimons tous les autres chiffres décimaux; le nombre $\pi'' = 3,14$ est, par définition (10), la valeur approchée par défaut, à moins de $\dfrac{1}{10^2}$, du nombre $\pi$. Les chiffres supprimés forment un

---

(*) M. Tannery fait remarquer (*Leçons d'arithmétique*, p. 230) que cette définition est précise, à l'encontre de la définition habituelle, qui ne fait aucune différence entre la valeur approchée par défaut et la valeur approchée par excès. On en verra les avantages dans les théorèmes relatifs à l'emploi de l'erreur relative.

nombre inférieur à $\frac{1}{10^2}$ (9); donc, en ajoutant ce nombre à $\pi''$, ce qui donne $\pi'$, on trouve un nombre inférieur à la valeur approchée par excès, à moins de $\frac{1}{10^2}$, du nombre $\pi$. Par suite [$\pi'$ est compris entre les deux valeurs approchées et diffère de $\pi$ de moins de $\frac{1}{10^2}$.

En général, supposons que le nombre $a'$ compte $m$ chiffres exacts, dont $n$ décimales. En y supprimant les décimales qui suivent la $n^e$, on trouve un nombre plus petit que $a'$ qui est par définition (10) la valeur approchée *par défaut* à moins de $\frac{1}{10^n}$ près du nombre $a$.

En forçant le dernier chiffre conservé d'une unité, on trouve un nombre plus grand que $a'$ (9), qui est la valeur approchée par excès, à moins de $\frac{1}{10^n}$ près, du nombre $a$. Puisque le nombre $a'$ est compris entre ces deux valeurs approchées, il diffère du nombre $a$ de moins de $\frac{1}{10^n}$.

**13. Théorème**. — *Lorsque l'erreur absolue d'un nombre approché a pour limite supérieure $\frac{1}{10^n}$, on peut compter en général sur $n-1$ décimales exactes dans ce nombre.*

En effet, si l'erreur absolue de $a'$ est moindre que $\frac{1}{10^n}$ et si l'on ignore le sens de l'erreur (ce qui arrive le plus souvent), on peut affirmer seulement que le nombre exact est compris entre $a' - \frac{1}{10^n}$ et $a' + \frac{1}{10^n}$. Si la $n^e$ décimale de $a'$ n'est ni un 0 ni un 9, ces deux nombres auront en commun $n-1$ décimales qui appartiendront certainement au nombre $a$; on ne pourra rien dire de la $n^e$.

Ainsi, soit le nombre $a' = 4{,}592378$ affecté d'une erreur ayant pour limite supérieure $\frac{1}{1000}$; le nombre exact sera compris entre

$$4{,}591378 \qquad \text{et} \qquad 4{,}593378.$$

Le nombre $4{,}59$ sera donc certainement la valeur approchée par défaut de $a$, à moins de $0{,}01$; le nombre $a'$ a donc deux décimales exactes.

On voit de suite que cette conclusion est en défaut lorsque le $n^e$ chiffre décimal est 0 ou 9; les deux nombres $a' - \frac{1}{10^n}$ et $a' + \frac{1}{10^n}$ n'ont plus alors que $n-2$ décimales communes.

*Exemple :*
$$a' = 4{,}590378, \qquad \Delta a = 0{,}001,$$
$$a' - 0{,}001 = 4{,}589378, \qquad a' + 0{,}001 = 4{,}591378.$$

5 est la seule décimale commune.

**14. Théorème.** — *Lorsqu'un nombre $a'$ est approché* PAR DÉFAUT *à moins de $\dfrac{1}{10^n}$ près, si on supprime dans ce nombre toutes les décimales qui suivent la $n^e$, et si on force le dernier chiffre conservé d'une unité, le nouveau nombre approché obtenu est connu avec $n$ décimales (dont $n - 1$ exactes).*

En effet, soit le nombre $a' = 14{,}72165$ affecté d'une erreur par défaut moindre que $\dfrac{1}{100}$; si on y supprime les trois derniers chiffres décimaux, on commet une nouvelle erreur par défaut au plus égale à $\dfrac{1}{100}$; donc le nombre 14,72 est affecté d'une erreur par défaut au plus égale à $\dfrac{2}{100}$. Si on force enfin le dernier chiffre conservé d'une unité, on commet une erreur par excès exactement égale à $\dfrac{1}{100}$. Il en résulte bien que l'erreur du nombre final 14,73 est inférieure à $\dfrac{1}{100}$ ; mais comme on ignore la grandeur de la première erreur, on ne peut affirmer que l'erreur par excès est inférieure ou supérieure à l'erreur par défaut; on ignore donc le sens de l'erreur finale. Le nombre 14,73 est donc une des valeurs approchées par excès ou par défaut du nombre $a$ à moins de $\dfrac{1}{100}$ près ; il est donc connu avec 4 chiffres (dont 3 exacts).

## Relations entre l'erreur relative et le nombre des chiffres exacts.

**15. Théorème.** — *Si un nombre approché a $m$ chiffres exacts, et si son premier chiffre significatif à gauche est $\alpha$, son erreur relative a pour limite supérieure $\dfrac{1}{\alpha \times 10^{m-1}}$.*

Soit le nombre $a = 24{,}7293856$ ayant 5 chiffres exacts. Son erreur absolue est inférieure à $\dfrac{1}{10^3}$ (12); une limite inférieure de ce nombre est $2 \times 10$; donc (6) une limite supérieure de son erreur relative est

$$\frac{\dfrac{1}{10^3}}{2 \times 10} = \frac{1}{2 \times 10^4}.$$

Soit encore, le nombre 0,043258 ayant deux chiffres exacts. Une limite supérieure de son erreur absolue est $\frac{1}{10^3}$ (12) ; une limite inférieure du nombre est $\frac{4}{10^2}$ ; donc (6) une limite supérieure de l'erreur relative est

$$\frac{1}{10^3} : \frac{4}{10^2} = \frac{1}{4 \times 10}.$$

En général, soit $a$ un nombre ayant $m$ chiffres exacts, dont $n$ décimales. L'erreur absolue de ce nombre sera inférieure à $\frac{1}{10^n}$ (12).

Si $n < m$, ce nombre aura $m - n$ chiffres à sa partie entière ; en désignant par $\alpha$ son premier chiffre significatif à gauche, une limite inférieure du nombre sera donc

$$\alpha \times 10^{m-n-1},$$

et par suite on aura comme limite supérieure de l'erreur relative

$$\frac{1}{10^n} : \alpha \times 10^{m-n-1} = \frac{1}{\alpha \times 10^{m-1}}.$$

Si $n > m$, la partie entière sera nulle et le premier chiffre significatif $\alpha$ représentera des unités décimales de l'ordre $n - m + 1$ ; une limite inférieure du nombre sera donc $\frac{\alpha}{10^{n-m+1}}$ (12) ; on aura pour limite supérieure de l'erreur relative (6)

$$\frac{1}{10^n} : \frac{\alpha}{10^{n-m+1}} = \frac{1}{\alpha \times 10^{m-1}}.$$

**16. Remarque.** — Si dans un nombre exact on ne conserve que les $m$ premiers chiffres significatifs sur la gauche, le même raisonnement reste applicable et l'erreur relative du nombre approché ainsi obtenu aura pour limite supérieure

$$\frac{1}{\alpha \times 10^{m-1}};$$

de plus, cette erreur sera par défaut.

**17. Théorème.** — *En désignant par $\alpha$ le premier chiffre significatif à gauche d'un nombre approché dont l'erreur relative a pour limite supérieure $\frac{1}{\beta \times 10^m}$, ce nombre aura $m$ chiffres exacts si $\beta > \alpha$, et $m - 1$ seulement si $\beta \leqslant \alpha$.*

En effet, soit $a' = 3,14578$ un nombre dont l'erreur relative a pour limite supérieure $\frac{1}{4 \times 10^3}$. Une limite supérieure du nombre est évidemment 4 ; donc (6) une limite supérieure de son erreur absolue est

$$4 \times \frac{1}{4 \times 10^3} = \frac{1}{10^3};$$

on peut donc compter sur 2 décimales exactes (13) ; comme ce nombre a un chiffre à sa partie entière, cela fait donc en tout 3 chiffres exacts.

Considérons encore le nombre $a'' = 0,03456$, dont l'erreur relative a pour limite supérieure $\dfrac{1}{4 \times 10^3}$. Une limite supérieure du nombre est $0,04 = \dfrac{4}{10^2}$ ; donc une limite supérieure de son erreur absolue est (6)

$$\frac{4}{10^2} \times \frac{1}{4 \times 10^3} = \frac{1}{10^5};$$

donc (13) on peut compter dans ce nombre sur 4 décimales exactes ; comme la première est un zéro et qu'il n'y a pas de partie entière, cela fait en tout 3 chiffres exacts.

Reprenons les mêmes nombres et supposons cette fois que la limite supérieure de l'erreur relative soit seulement $\dfrac{1}{2 \times 10^3}$. Une limite supérieure du nombre $a'$, commençant par 2, est alors $2 \times 10$ ; il en résulte que la limite supérieure de l'erreur absolue est alors $\dfrac{1}{10^2}$ ; on ne peut plus compter que sur une décimale, par suite sur 2 chiffres exacts.

Pour le nombre $a''$ la limite supérieure commençant par 2 sera de même $\dfrac{2}{10}$ ; la limite supérieure de l'erreur absolue sera donc $\dfrac{1}{10^4}$ ; on ne pourra plus compter que sur 3 décimales, c'est-à-dire sur 2 chiffres exacts.

Pour faire le raisonnement sous une forme générale, il suffirait de supposer successivement : 1° que le nombre a $p$ chiffres à sa partie entière ; 2° que la partie entière est nulle et que les $p$ premières décimales sont des zéros. Dans chaque cas on cherche une limite supérieure du nombre de la forme

$$\beta \times 10^h \qquad \text{ou} \qquad \frac{\beta}{10^h}$$

et on répète exactement les raisonnements faits précédemment sur les nombres.

**18. Théorème.** — *Soit $a$ le premier chiffre significatif à gauche d'un nombre approché $a'$ dont l'erreur relative <u>par défaut</u> a pour* *limite supérieure* $\dfrac{1}{\beta \times 10^m}$. *Si* $\beta > \alpha$, *on obtient une valeur approchée du nombre* $a$ *avec* $(m + 1)$ *chiffres (dont* $m$ *exacts), en forçant d'une unité le* $(m + 1)^e$ *chiffre et supprimant les suivants.*

*Si* $\beta \leqslant \alpha$, *on obtient une valeur approchée avec* $m$ *chiffres (dont* $m - 1$ *exacts), en forçant le* $m^e$ *et supprimant les suivants.*

En effet, soit $a' = 27{,}892345$ approché par défaut avec une erreur relative inférieure à $\dfrac{1}{3 \times 10^5}$. Ce nombre étant inférieur à 30, son erreur absolue est inférieure à $\dfrac{1}{10^4}$, et elle est par défaut ; donc (14) en forçant d'une unité la 4$^e$ décimale et supprimant les suivantes, le nombre 27,8924 est connu avec 4 décimales (dont trois exactes), c'est-à-dire *avec 6 chiffres (dont 5 exacts).*

Si son erreur relative avait eu pour limite supérieure $\dfrac{1}{2 \times 10^5}$, il aurait fallu prendre 200 pour avoir une limite supérieure du nombre commençant par le chiffre qui figure au dénominateur ; l'erreur absolue par défaut aurait eu pour limite supérieure

$$200 \times \frac{1}{2 \times 10^5} = \frac{1}{10^3} ;$$

par application du même théorème (14), on aurait conclu que la valeur approchée 27,893 est *connue avec 5 chiffres (dont 4 exacts).*

On verra au chapitre V l'utilité de cette proposition.

## RÉSUMÉ DU CHAPITRE I

1. L'erreur absolue d'un nombre approché est la différence entre le nombre approché et le nombre exact.

2. L'erreur relative d'un nombre approché est le quotient de l'erreur absolue par le nombre exact.

3. En supprimant dans un nombre décimal donné tous les chiffres décimaux qui suivent celui de l'ordre $n$, on commet une erreur par défaut, au plus égale à une unité de l'ordre du dernier chiffre conservé.

En forçant d'une unité le dernier chiffre conservé, lorsque le premier chiffre supprimé est 5 ou un nombre plus grand que 5, on peut affirmer que le nombre approché obtenu diffère dans tous les cas du nombre donné de moins d'une demi-unité de l'ordre $n$.

4. On dit qu'un nombre approché a $m$ chiffres exacts, lorsque le nombre formé par ses $m$ premiers chiffres à gauche représente la valeur approchée par défaut du nombre exact, à moins d'une unité de l'ordre du $m^e$ chiffre.

**5.** On dit qu'un nombre approché est connu avec $m$ chiffres (dont $m - 1$ exacts), si le nombre formé par ses $m$ premiers chiffres à gauche représente l'une des valeurs approchées, par excès ou par défaut, du nombre exact, à moins d'une unité de l'ordre du $m^e$ chiffre.

**6.** Lorsqu'un nombre approché a $n$ décimales exactes, une limite supérieure de son erreur absolue est $\dfrac{1}{10^n}$.

**7.** Lorsque l'erreur absolue d'un nombre approché a pour limite supérieure $\dfrac{1}{10^n}$, on peut compter dans ce nombre sur $n - 1$ décimales exactes, en général.

**8.** Si un nombre approché a $m$ chiffres exacts, et que son premier chiffre significatif à gauche soit $\alpha$, une limite supérieure de son erreur relative est
$$\frac{1}{\alpha \times 10^{m-1}}.$$

**9.** En désignant par $\alpha$ le premier chiffre significatif à gauche d'un nombre, dont l'erreur relative a pour limite supérieure $\dfrac{1}{\beta \times 10^m}$, on peut compter dans ce nombre sur $m$ chiffres exacts si $\beta > \alpha$; sur $m - 1$ seulement si $\beta \leqslant \alpha$.

**10.** Soit $\alpha$ le premier chiffre significatif à gauche d'un nombre approché par défaut $a'$, dont l'erreur relative est plus petite que $\dfrac{1}{\beta \times 10^m}$. Si $\beta > \alpha$, on obtient une valeur approchée du nombre $a$ avec $(m + 1)$ chiffres (dont $m$ exacts) en forçant d'une unité le $(m + 1)^e$ chiffre et supprimant les suivants.

Si $\beta \leqslant \alpha$, on obtient une valeur approchée avec $m$ chiffres (dont $m - 1$ exacts) en forçant le $m^e$ chiffre et supprimant les suivants.

# CHAPITRE II

## DIVISION DU PROBLÈME ET FORMULES DES ERREURS

**19.** Nous avons déjà fait remarquer que les erreurs sur les nombres donnés ne sont en général connues ni en grandeur ni en sens ; on peut seulement assigner à la valeur de chacune d'elles une limite supérieure.

Si $n = f(a, b, c)$ est la formule à calculer, $a$, $b$, $c$ désignant les valeurs exactes dés données, on ne pourra calculer que le nombre approché $n' = f(a', b', c')$, en désignant par $a'$, $b'$, $c'$ les valeurs approchées de $a$, $b$, $c$. Connaissant les limites supérieures des erreurs de $a'$, $b'$, $c'$, on peut en déduire une limite supérieure de l'erreur qui affectera le nombre $n'$. C'est ce qu'on appelle l'*erreur provenant des données*.

Généralement on n'effectue pas le calcul du nombre $n'$ tel qu'il est indiqué ; au lieu du nombre $n'$ on obtient ainsi un nombre $n''$. L'erreur de calcul ainsi commise ne dépend que de la façon dont on conduit les opérations et par suite peut être rendue aussi petite que l'on veut ; mais, comme on ignore si elle est de même sens que l'erreur des données ou de sens contraire, il faudra se placer dans le cas le plus défavorable où elle s'y ajoute ; on ne pourra donc jamais affirmer que le résultat obtenu s'approche du résultat vrai d'une quantité inférieure à l'erreur provenant des données ; d'où cette proposition :

*La limite supérieure de l'erreur provenant des données est l'approximation la plus grande sur laquelle on puisse compter au résultat final.*

**20.** Le problème qu'on se propose dans un calcul approché est le suivant :

Diriger le calcul du nombre $n'$ de manière que le résultat obtenu $n''$ diffère du nombre exact $n$ d'une quantité inférieure à un nombre donné ε, et cela *avec le plus petit nombre de chiffres possible*.

D'après ce qui a été dit (19), le problème n'est possible que si ε est supérieur ou au moins égal à l'erreur provenant des données; il se divise donc en deux autres :

1° Déterminer une limite supérieure de l'erreur avec laquelle on peut obtenir le résultat d'une formule numérique, dans laquelle les données ne sont qu'approchées, connaissant les limites supérieures des erreurs qui affectent ces données ;

2° Calculer avec une approximation donnée le résultat d'une formule numérique donnée, dans laquelle les nombres sont connus exactement, ou susceptibles d'être calculés avec autant de décimales que l'on veut.

Bien entendu, le second problème se présente seul, si les données sont exactes.

**21.** Une formule quelconque est constituée par une suite d'opérations élémentaires, dont chacune ne porte que sur deux nombres au plus; telles l'addition, la soustraction, la multiplication, l'élévation au carré, la division, l'extraction de la racine carrée ou cubique. Les formules de ces opérations seront dites *formules simples* ; une formule composée avec plusieurs opérations est dite *formule complexe*.

**22.** Nous allons établir les formules qui donnent les limites supérieures des erreurs commises dans les différentes opérations simples exécutées sur des nombres approchés. Différents cas sont évidemment à distinguer.

Si on donne les limites supérieures des erreurs absolues, nous aurons les *formules d'erreur absolue*; avec les limites supérieures des erreurs relatives, nous établirons les *formules d'erreur relative*; si enfin on donne les nombres de chiffres exacts, nous en déduirons le nombre *minimum* de chiffres exacts du résultat. Ce sera d'ailleurs une application immédiate des formules d'erreur relative.

### Formules d'erreur absolue.

**23. Addition et soustraction.** — Considérons l'opération indiquée par la formule

$$(1) \qquad n = a + b - c + d.$$

Supposons qu'au lieu de $a, b, c, d$ on emploie des valeurs approchées $a + \delta a$, $b + \delta b$, $c + \delta c$, $d + \delta d$ (les $\delta$ pouvant être positifs ou négatifs).

Au lieu du nombre $n$, on obtiendra un nombre approché $n + \delta n$, donné par la formule

$$(2) \qquad n + \delta n = a + \delta a + b + \delta b - (c + \delta c) + d + \delta d.$$

Tenant compte de (1), il vient

$$\delta n = \delta a + \delta b - \delta c + \delta d.$$

Les erreurs qui figurent dans le second membre ne sont en général connues ni en grandeur ni en signe; mais on aura évidemment une limite supérieure de ce second membre en les prenant toutes avec le signe $+$, et les remplaçant par leurs limites supérieures supposées connues. En employant le signe $\Delta$ pour indiquer ces limites, on aura donc

$$\Delta n = \Delta a + \Delta b + \Delta c + \Delta d.$$

**24. Multiplication.** — Soit

$$(3) \qquad n = ab$$

un produit de deux facteurs, dans lequel on remplace $a$ et $b$ par des valeurs approchées $a + \delta a$, $b + \delta b$; on aura pour $n$ une valeur approchée $n + \delta n$, telle que

$$(4) \qquad n + \delta n = (a + \delta a)(b + \delta b) = ab + a\delta b + \delta a(b + \delta b),$$

ou, en tenant compte de (3),

$$(5) \qquad \delta n = a\delta b + (b + \delta b)\delta a.$$

Les facteurs $a$ et $b + \delta b$ sont compris entre les limites inférieure et supérieure de $a$ et $b$ (5); si donc on remplace dans le second membre $a$ et $b + \delta b$ par leurs limites supérieures, si on fait de même pour $\delta a$ et $\delta b$, si enfin on prend tous les termes avec le signe $+$, on aura certainement une limite supérieure de $\delta n$; ce qui s'exprime par

$$\Delta n = a'\Delta b + b'\Delta a,$$

$a'$ et $b'$ désignant les limites supérieures de $a$ et $b$.

**25. Élévation au carré.** — Soit

$$(6) \qquad n = a^2$$

le carré d'un nombre; remplaçons $a$ par une valeur approchée $a + \delta a$; on aura

$$n + \delta n = (a + \delta a)^2;$$

donc

$$\delta n = (a + \delta a)^2 - a^2 = 2a\delta a + (\delta a)^2 = a\delta a + (a + \delta a)\delta a.$$

En répétant le raisonnement précédent et en remplaçant $a$ et $\delta a$ par leurs limites supérieures, on pourra écrire

$$\Delta n = 2a'\Delta a.$$

**26. Quotient de deux nombres.** — Soit

$$n = \frac{a}{b} \, ;$$

remplaçons $a$ et $b$ par des valeurs approchées $a + \delta a$ et $b + \delta b$ ; on aura un quotient approché $n + \delta n$, tel que

$$n + \delta n = \frac{a + \delta a}{b + \delta b} \, ;$$

d'où

$$\delta n = \frac{a + \delta a}{b + \delta b} - \frac{a}{b} = \frac{b\delta a - a\delta b}{b(b + \delta b)} = \frac{1}{b + \delta b} \cdot \delta a - \frac{a}{b(b + \delta b)} \, \delta b.$$

Pour avoir une limite supérieure du second membre, il suffit évidemment de remplacer au dénominateur $b$ et $b + \delta b$ par des limites inférieures, $a$ au numérateur ainsi que $\delta a$ et $\delta b$ par des limites supérieures, et de prendre partout le signe $+$ ; on aura donc

$$\Delta n = \frac{1}{b'} \, \Delta a + \frac{a'}{b'^2} \, \Delta b.$$

**27. Racine carrée d'un nombre.** — Soit

$$n = \sqrt{a} \, ;$$

remplaçons $a$ par la valeur approchée $a + \delta a$ ; il vient

$$n + \delta n = \sqrt{a + \delta a},$$

et par suite

$$\delta n = \sqrt{a + \delta a} - \sqrt{a} = \frac{\delta a}{\sqrt{a + \delta a} + \sqrt{a}} \, ;$$

une limite supérieure du second membre s'obtient en remplaçant au dénominateur $a$ et $a + \delta a$ par une limite inférieure, et au numérateur $\delta a$ par sa limite supérieure ; on a donc

$$\Delta n = \frac{1}{2\sqrt{a'}} \cdot \Delta a.$$

**28. Racine cubique d'un nombre.** — Soit $n = \sqrt[3]{a}$. Remplaçons $a$ par un nombre approché $a + \delta a$ ; on obtient pour $n$ une valeur approchée $n + \delta n$, donnée par

$$n + \delta n = \sqrt[3]{a + \delta a}.$$

Il en résulte

$$\delta n = \sqrt[3]{a + \delta a} - \sqrt[3]{a} = \frac{\delta a}{\sqrt[3]{(a + \delta a)^2} + \sqrt[3]{a(a + \delta a)} + \sqrt[3]{a^2}} \, ;$$

on obtiendra une limite supérieure du second membre en remplaçant au numérateur $\delta a$ par sa limite supérieure, et au numérateur $a$ et $a + \delta a$ par une limite inférieure $a'$. Il vient alors

$$\Delta n = \frac{\Delta a}{3\sqrt[3]{a'^2}}.$$

**29. Formule générale des erreurs.** — Soit

$$n = f(a, b, c)$$

l'opération à exécuter ; remplaçons $a, b, c$ par des nombres approchés $a + \delta a,\ b + \delta b,\ c + \delta c$ ; on aura

$$n + \delta n = f(a + \delta a,\ b + \delta b,\ c + \delta c)$$

et par suite

$$\begin{aligned}
\delta n &= f(a + \delta a,\ b + \delta b,\ c + \delta c) - f(a, b, c) \\
&= f(a + \delta a,\ b + \delta b,\ c + \delta c) - f(a, b + \delta b,\ c + \delta c) \\
&\quad + f(a, b + \delta b,\ c + \delta c) - f(a, b,\ c + \delta c) \\
&\quad + f(a, b,\ c + \delta c) - f(a, b, c).
\end{aligned}$$

En appliquant à chacune de ces différences la formule des accroissements finis, il vient

$$\delta n = f'_a(a + \theta \delta a,\ b + \delta b,\ c + \delta c)\delta a + f'_b(a,\ b + \theta' \delta b,\ c + \delta c)\delta b + f'_c(a, b, c + \theta'' \delta c)\delta c.$$

Les nombres qui figurent dans les dérivées partielles sont tous compris entre les limites inférieure et supérieure des nombres $a, b, c$ (5). Si donc on les remplace par l'une ou l'autre de ces limites, de manière à *forcer* la valeur absolue de ces dérivées, si on remplace les erreurs $\delta a, \delta b, \delta c$ par leurs limites supérieures, si enfin on prend tous les termes avec le signe +, on aura pour limite supérieure du second membre

$$\Delta n = f'_a(a', b', c')\Delta a + f'_b(a'', b'', c'')\Delta b + f'_c(a''', b''', c''')\Delta c.$$

On voit aisément que toutes les formules précédemment établies ne sont que des cas particuliers de celle-ci ; elle est de la forme générale

$$\Delta n = A\Delta a + B\Delta b + C\Delta c.$$

## Formules d'erreur relative.

**30. Multiplication.** — Soit d'abord le produit $n = ab$. Nous avons vu (24) que

$$\delta n = a\delta b + (b + \delta b)\delta a,$$

d'où, en divisant par $n$ ou $ab$,

$$\frac{\delta n}{n} = \frac{\delta b}{b} + \frac{b + \delta b}{b} \cdot \frac{\delta a}{a}.$$

Si dans le second membre on remplace les erreurs relatives $\dfrac{\delta b}{b}$ et $\dfrac{\delta a}{a}$ par leurs limites supérieures et qu'on les prenne toutes deux avec le signe +, on pourra, avec une exactitude suffisante dans la pratique, remplacer $b + \delta b$ par $b$, et écrire

$$\frac{\Delta n}{n} = \frac{\Delta a}{a} + \frac{\Delta b}{b},$$

$\dfrac{\Delta n}{n}$ signifiant la limite supérieure de l'erreur relative de $n$.

Soit maintenant un produit de trois facteurs,

$$n = abc = ab.c = n'c.$$

On aura

$$\frac{\Delta n}{n} = \frac{\Delta n'}{n'} + \frac{\Delta c}{c} = \frac{\Delta a}{a} + \frac{\Delta b}{b} + \frac{\Delta c}{c}.$$

On généralise aisément et on a donc cette proposition :

*On obtient une limite supérieure de l'erreur relative d'un produit de plusieurs facteurs approchés, en faisant la somme des limites supérieures des erreurs relatives de ces facteurs.*

**31. Élévation au carré.** — Si

$$n = a^2,$$

on déduit de la formule précédente

$$\frac{\Delta n}{n} = 2\,\frac{\Delta a}{a};$$

il suffit de supposer $a = b$.

Bien plus, si

$$n = a^m,$$

on aura

$$\frac{\Delta n}{n} = m\,\frac{\Delta a}{a}.$$

**32. Quotient de deux nombres.** — On a démontré (26) la formule

$$\delta n = \frac{1}{b + \delta b} \cdot \delta a - \frac{a}{b(b + \delta b)}\,\delta b$$

lorsqu'on a $\qquad n \doteq \dfrac{a}{b}.$

Divisons les deux membres par $n$ et $\dfrac{a}{b}$ respectivement ; il vient

$$\frac{\delta n}{n} = \frac{b}{b + \delta b} \cdot \frac{\delta a}{a} - \frac{\delta b}{b + \delta b}.$$

Le facteur $\dfrac{b}{b + \delta b}$ est très voisin de l'unité, et $b + \delta b$ est très voisin de $b$ ; de telle sorte que $\dfrac{\delta b}{b + \delta b}$ est sensiblement égale à l'erreur relative de $b$. On obtient donc, avec une exactitude suffisante pour la pratique, une limite supérieure du second membre, en prenant tous les termes avec le signe $+$, en remplaçant $\dfrac{b}{b + \delta b}$ par 1, enfin en remplaçant $\dfrac{\delta a}{a}$ et $\dfrac{\delta b}{b + \delta b}$ par les limites supérieures des erreurs relatives de $a$ et de $b$, de sorte que

$$\frac{\Delta n}{n} = \frac{\Delta a}{a} + \frac{\Delta b}{b}.$$

C'est donc la même règle que pour la multiplication.

**33. Racine carrée.** — Si $n = \sqrt{a}$, on a trouvé

$$\Delta n = \frac{1}{2\sqrt{a'}} \cdot \Delta a.$$

Si on divise les deux membres par la valeur approchée par défaut $n' = \sqrt{a'}$, on obtient dans le premier membre la limite supérieure de l'erreur relative ; par suite

$$\frac{\Delta n}{n'} = \frac{1}{2} \cdot \frac{\Delta a}{a'}.$$

Donc : *on obtient une limite supérieure de l'erreur relative d'une racine carrée en prenant la moitié de la limite supérieure de l'erreur relative du nombre sous le radical.*

**34. Racine cubique.** — Si $n = \sqrt[3]{a}$, on a trouvé

$$\Delta n = \frac{1}{3\sqrt[3]{a'^2}} \cdot \Delta a.$$

Divisons les deux membres par la valeur par défaut

$$n' = \sqrt[3]{a'} \ ;$$

il vient

$$\frac{\Delta n}{n'} = \frac{1}{3} \cdot \frac{\Delta a}{a'}.$$

Donc : *on obtient une limite supérieure de l'erreur relative d'une racine cubique en prenant le tiers de la limite supérieure de l'erreur relative du nombre sous le radical.*

**35. Formule générale.** — Considérons le monome

$$n = \frac{ab^m}{f\sqrt{c}} = \frac{A}{B}.$$

On aura

$$\frac{\Delta n}{n} = \frac{\Delta A}{A} + \frac{\Delta B}{B}.$$

Mais

$$\frac{\Delta A}{A} = \frac{\Delta a}{a} + m\frac{\Delta b}{b}, \qquad \frac{\Delta B}{B} = \frac{\Delta f}{f} + \frac{1}{2}\frac{\Delta c}{c}.$$

Donc

$$\frac{\Delta n}{n} = \frac{\Delta a}{a} + m\frac{\Delta b}{b} + \frac{\Delta f}{f} + \frac{1}{2}\frac{\Delta c}{c}.$$

En d'autres termes :

*On obtient une limite supérieure de l'erreur relative d'un monome en faisant la somme des limites des erreurs relatives des nombres qui y figurent, chacune de ces limites étant multipliée par l'exposant de la puissance à laquelle le nombre est élevé, ou divisée par l'indice du radical sous lequel il se trouve.*

## Nombre minimum de chiffres exacts.

**36. Théorème.** — *Lorsque deux nombres $n$ et $n'$ sont connus l'un avec $p$, l'autre avec $p'$ chiffres exacts $(p < p')$, on peut compter en général sur $p - 2$ chiffres exacts à leur produit ou quotient.*

En effet, soient $a$ et $a'$ leurs premiers chiffres significatifs à gauche ; leurs erreurs relatives ont pour limites

$$\frac{1}{a \times 10^{p-1}} \quad \text{et} \quad \frac{1}{a' \times 10^{p'-1}}.$$

Donc (30) l'erreur relative de leur produit ou quotient a pour limite supérieure

$$\frac{1}{a \times 10^{p-1}} + \frac{1}{a' \times 10^{p'-1}} = \frac{1}{10^{p-1}} \left( \frac{1}{a} + \frac{1}{a' \times 10^{p'-p}} \right).$$

Si le nombre $n$ connu avec le plus petit nombre de chiffres exacts ne commence pas par l'unité, chacun des dénominateurs vaut au moins 2 ; la parenthèse vaut donc au plus 1, et par conséquent la somme des erreurs a pour limite supérieure

$$\frac{1}{10^{p-1}} = \frac{1}{10 \cdot 10^{p-2}} ;$$

elle a donc (17) $p - 2$ chiffres exacts.

Cette conclusion n'est plus légitime quand $a = 1$ ; dans ce cas on peut simplement affirmer que la somme ne vaut pas $\dfrac{1}{10^{p-2}}$, et compter sur $p - 3$ chiffres exacts.

**37. Théorème.** — *Lorsque deux nombres $n$ et $n'$ approchés par défaut sont connus, l'un avec $p$, l'autre avec $p'$ chiffres exacts $(p < p')$, on peut connaître leur produit ou quotient avec $p - 1$ chiffres (dont $p - 2$ exacts), à condition de prendre le diviseur par excès.*

En effet, le raisonnement précédent reste applicable ; le résultat est approché par défaut, avec une erreur relative au plus égale à

$$\frac{1}{10^{p-1}} = \frac{1}{10 \times 10^{p-2}}.$$

Il suffit alors d'appliquer le théorème (18) pour que la proposition devienne évidente.

**38. Conséquence importante.** — Ce théorème s'applique en particulier lorsque dans deux nombres exacts on conserve respectivement les $p$ premiers chiffres dans l'un, les $p'$ premiers chiffres dans l'autre.

**39. Théorème.** — *Si un nombre est connu avec p chiffres exacts, si a est son premier chiffre à gauche, et b le premier chiffre à gauche de sa racine carrée, on pourra compter à la racine sur p — 1 chiffres exacts si 2a > b; sur p — 2 seulement si 2a ⩽ b.*

En effet, l'erreur relative du nombre a pour limite supérieure (15)

$$\frac{1}{a \times 10^{p-1}};$$

l'erreur relative de sa racine carrée est donc au plus égale à

$$\frac{1}{2a \times 10^{p-1}}.$$

Donc (17) si $2a > b$, on pourra compter sur $p — 1$ chiffres exacts ; si $2a \leqslant b$, on ne pourra compter que sur $p — 2$ chiffres.

**40. Remarque.** — Si le nombre approché est connu par défaut, on pourra appliquer le théorème (18), et par suite connaître la racine avec $p$ chiffres (dont $p — 1$ exacts) si $2a > b$; avec $p — 1$ chiffres (dont $p — 2$ exacts) si $2a \leqslant b$.

On démontre exactement de la même façon la proposition suivante :

**41. Théorème.** — *Si un nombre est connu avec p chiffres exacts, si a est son premier chiffre à gauche, et b le premier chiffre à gauche de sa racine cubique, on pourra compter à la racine sur p — 1 chiffres exacts si 3a > b; sur p — 2 seulement si 3a ⩽ b.*

*Si le nombre est approché par défaut, on pourra obtenir la racine avec p chiffres (dont p — 1 exacts) dans le premier cas; avec p — 1 chiffres (dont p — 2 exacts) dans le second.*

Cette dernière partie est applicable lorsque dans un nombre exact on ne conserve que les $p$ premiers chiffres.

## RÉSUMÉ DU CHAPITRE II

### I. Formules d'erreur absolue.

| | | |
|---|---|---|
| Addition et soustraction : | $n = a + b - c,$ | $\Delta n = \Delta a + \Delta b + \Delta c,$ |
| Multiplication : | $n = ab,$ | $\Delta n = a'\Delta b + b'\Delta a,$ |
| Élévation au carré : | $n = a^2,$ | $\Delta n = 2a'\Delta a,$ |
| Quotient : | $n = \dfrac{a}{b},$ | $\Delta n = \dfrac{1}{b'}\Delta a + \dfrac{a'}{b'^2}\Delta b,$ |
| Racine carrée : | $n = \sqrt{a},$ | $\Delta n = \dfrac{1}{2\sqrt{a'}}\cdot\Delta a,$ |

Racine cubique :  $\qquad n = \sqrt[3]{a},\qquad \Delta n = \dfrac{1}{3\sqrt[3]{a'^2}}\cdot\Delta a,$

Formule générale :  $\qquad n = f(a,\,b,\,c),\qquad \Delta n = f'_a\cdot\Delta a + f'_b\cdot\Delta b + f'_c\cdot\Delta c.$

## II. Formules d'erreur relative.

Produit de plusieurs nombres :  $n = abc,\qquad \dfrac{\Delta n}{n} = \dfrac{\Delta a}{a} + \dfrac{\Delta b}{b} + \dfrac{\Delta c}{c},$

Élévation au carré :  $\qquad n = a^2,\qquad \dfrac{\Delta n}{n} = 2\,\dfrac{\Delta a}{a},$

Quotient de deux nombres :  $\qquad n = \dfrac{a}{b},\qquad \dfrac{\Delta n}{n} = \dfrac{\Delta a}{a} + \dfrac{\Delta b}{b},$

Racine carrée :  $\qquad n = \sqrt{a},\qquad \dfrac{\Delta n}{n} = \dfrac{1}{2}\cdot\dfrac{\Delta a}{a},$

Racine cubique :  $\qquad n = \sqrt[3]{a},\qquad \dfrac{\Delta n}{n} = \dfrac{1}{3}\cdot\dfrac{\Delta a}{a}.$

1. *Règle générale* : On obtient une limite supérieure de l'erreur relative d'un monome en faisant la somme des limites des erreurs relatives des nombres qui figurent dans ce monome, chacune de ces limites étant multipliée par l'exposant de la puissance à laquelle le nombre correspondant est élevé, ou divisée par l'indice du radical sous lequel ce nombre est placé.

## III. Nombre minimum de chiffres exacts.

2. Lorsque deux nombres $n$ et $n'$ sont connus, l'un avec $p$, l'autre avec $p'$ chiffres exacts $(p < p')$, on peut compter en général sur $p - 2$ chiffres exacts à leur produit ou quotient, sur $p - 3$ seulement si le nombre connu avec le plus petit nombre de chiffres commence par l'unité.

3. Lorsque deux nombres $n$ et $n'$, approchés par défaut, sont connus, l'un avec $p$, l'autre avec $p'$ chiffres exacts, on peut connaître leur produit ou quotient avec $p - 1$ chiffres (dont $p - 2$ exacts), à condition de prendre le diviseur par excès.

Ce théorème s'applique en particulier aux nombres obtenus en ne conservant qu'un certain nombre de chiffres dans des nombres exacts.

4. Si un nombre est connu avec $p$ chiffres exacts, si $a$ est son premier chiffre à gauche, et $b$ le premier chiffre à gauche de sa racine carrée, on pourra compter à la racine sur $p - 1$ chiffres exacts si $2a > b$ ; sur $p - 2$ seulement si $2a \leqslant b$.

Si le nombre approché est connu par défaut, on pourra connaître sa racine carrée avec $p$ chiffres (dont $p - 1$ exacts) si $2a > b$ ; avec $p - 1$ chiffres (dont $p - 2$ exacts) si $2a \leqslant b$.

5. Si un nombre est connu avec $p$ chiffres exacts, si $a$ est son premier chiffre à gauche, et $b$ le premier chiffre à gauche de sa racine cubique, on pourra compter à la racine sur $p - 1$ chiffres exacts si $3a > b$ ; sur $p - 2$ seulement si $3a \leqslant b$.

Si le nombre approché est connu par défaut, on pourra connaître la racine cubique avec $p$ chiffres (dont $p - 1$ exacts) si $3a > b$ ; avec $p - 1$ chiffres (dont $p - 2$ exacts) si $3a \leqslant b$.

# CHAPITRE III

## DÉTERMINATION D'UNE LIMITE SUPÉRIEURE DE L'ERREUR DU RÉSULTAT D'UNE FORMULE, CONNAISSANT LES LIMITES SUPÉRIEURES DES ERREURS DES NOMBRES QUI FIGURENT DANS CETTE FORMULE

### Ier Cas :

*On connaît les limites des erreurs absolues des nombres et on demande une limite de l'erreur absolue du résultat.*

**42. Procédé de calcul.** — Si la formule à calculer est simple, c'est-à-dire si elle ne comporte qu'une seule opération, on écrit la formule d'erreur absolue qui lui correspond ; elle est par exemple de la forme

$$\Delta n = A.\Delta a + B.\Delta b.$$

Dans cette formule A, B sont des fonctions des nombres donnés $a$ et $b$ ; on y remplace ces derniers par leurs limites inférieure ou supérieure, de manière à forcer la valeur absolue des coefficients ; on multipliera les résultats obtenus par $\Delta a$ et $\Delta b$ ; on prendra partout le signe $+$ ; la somme des résultats fait connaître $\Delta n$.

Si la formule à calculer est complexe, elle porte par exemple sur quatre nombres $a$, $b$, $c$, $d$ ; une première opération simple sur $a$ et $b$ donne $n_1$ ; une seconde opération sur $n_1$ et $c$ donne un nombre $n_2$ ; une troisième opération sur $n_2$ et $d$ donne le nombre $n$.

On appliquera la règle précédente à chacune de ces opérations simples et on calculera successivement $\Delta n_1$, $\Delta n_2$ et enfin $\Delta n$.

Si le lecteur est familiarisé avec la théorie des dérivées, il appliquera immédiatement la formule générale des erreurs, ce qui donne une expression de la forme

$$\Delta n = A.\Delta a + B.\Delta b + C.\Delta c + D.\Delta d ;$$

il suffira de remplacer dans les coefficients A, B, C, D les nombres $a$, $b$, $c$, $d$ par leurs limites inférieures ou supérieures de manière à forcer la valeur de ces coefficients.

En employant les limites indiquées au § 5, on obtient ainsi non seulement une limite supérieure de l'erreur, mais encore une valeur très voisine de l'erreur elle-même; une valeur aussi approchée est inutile dans la pratique : on arrondit donc les nombres employés de façon à simplifier les calculs.

**43. Exemple I.** — *Avec quelle approximation peut-on calculer le produit*

$$n = 7,45 \times 9,431,$$

*sachant que chacun des facteurs est approché à moins d'une unité de l'ordre de son dernier chiffre à gauche ?*

L'opération à exécuter est $n = ab$, et l'on a par hypothèse

$$\Delta a = \frac{1}{100}, \qquad \Delta b = \frac{1}{1000}.$$

La formule d'erreur à employer est

$$\Delta n = a'\Delta b + b'\Delta a,$$

$a'$ et $b'$ étant des limites supérieures de $a$ et $b$. On prendra donc

$$a' = 7,46, \qquad b' = 9,432 ;$$

d'où

$$\Delta n = 7,46 \times \frac{1}{100} + 9,432 \times \frac{1}{1000} = 0,0746 + 0,009432 = 0,084032 < \frac{1}{10}.$$

On aurait pu arriver au même résultat en arrondissant davantage les nombres $a'$ et $b'$. Si on prend

$$a' = 8, \qquad b' = 10,$$

il vient

$$\Delta n = 0,08 + 0,01 = 0,09 < \frac{1}{10}.$$

**44. Exemple II.** — *Avec quelle approximation peut-on connaître le rayon d'un cercle dont la surface est* $123^{mq},57$ *à un décimètre carré près, sachant qu'on emploie pour* $\pi$ *la valeur* $3,1416$ *?*

Appelons S la surface donnée, R le rayon inconnu ; il sera donné par la formule

$$R = \sqrt{\frac{S}{\pi}} ;$$

elle comporte deux opérations :

$$a = \frac{S}{\pi}, \qquad R = \sqrt{a}.$$

On a d'ailleurs

$$\Delta S = \frac{1}{100}, \qquad \Delta \pi = \frac{1}{10000}.$$

Pour la première, on emploie la formule d'erreur d'un quotient

$$\Delta a = \frac{1}{\pi'} \Delta S + \frac{S'}{\pi'^2} \Delta \pi ;$$

$\pi'$ est une valeur par défaut, donc 3 ; S′ une valeur par excès, 130. Donc

$$\Delta a = \frac{1}{3} \cdot \frac{1}{100} + \frac{130}{9} \cdot \frac{1}{10000}.$$

Nous allons arrondir le second membre de façon à l'augmenter. Au lieu de $\frac{1}{3}$ nous écrirons 0,4 ; au lieu de 130 nous mettrons 135, de façon à avoir un nombre divisible par 9 ; il vient alors

$$\Delta a = 0,004 + 0,0015 = 0,0065.$$

Pour la seconde opération, on emploie la formule d'erreur de la racine carrée

$$\Delta R = \frac{1}{2\sqrt{a'}} \cdot \Delta a,$$

$a'$ étant une valeur par défaut du quotient $\frac{S}{\pi}$ ; on la trouve en remplaçant S par une valeur par défaut 120, $\pi$ par une valeur par excès 4 ; d'où $a' = 30$. On remplace enfin $\sqrt{a'}$ par sa valeur par défaut 5 ; il vient alors

$$\Delta R = \frac{1}{10} \Delta a = 0,00065.$$

**45. Exemple III.** — *Dans l'équation*

$$x^2 - 2kx - h = 0,$$

*les nombres $k = 0,117$ et $h = 0,04$ sont connus à une unité près de l'ordre de leur dernier chiffre à droite. Trouver une limite supérieure de l'erreur avec laquelle on peut calculer la racine positive de cette équation.*

L'opération à faire est

$$x = k + \sqrt{k^2 + h} = f(k, h).$$

Employons la formule générale des erreurs

$$\Delta x = f'_k \cdot \Delta k + f'_h \cdot \Delta h = \left( 1 + \frac{k}{\sqrt{k^2 + h}} \right) \Delta k + \frac{1}{2\sqrt{k^2 + h}} \Delta h.$$

Pour forcer les coefficients du second membre, il faudra remplacer au dénominateur $k$ et $h$ par des limites inférieures, mais $k$ au numérateur par une limite supérieure.

On prendra $k = 0,2$

$$k^2 + h = (0,1)^2 + 0,03 = 0,04,$$

d'où $\qquad\qquad \sqrt{k^2 + h} = 0,2.$

Donc

$$\Delta x = (1 + 1) . \frac{1}{10^3} + \frac{1}{0,4} \cdot \frac{1}{10^2} = \frac{2}{10^3} + \frac{1}{4 \times 10^3} < \frac{3}{10^3} .$$

La réponse est donc 0,003.

## IIe Cas:

*On connaît les limites supérieures des erreurs relatives des nombres qui entrent dans une formule de la forme*

$$n = \frac{ab^m}{c\sqrt{d}},$$

*qui ne comporte ni addition, ni soustraction, et on demande une limite supérieure de l'erreur relative du résultat.*

**46**. Il suffit d'appliquer la formule générale des erreurs relatives

$$\frac{\Delta n}{n} = \frac{\Delta a}{a} + m \frac{\Delta b}{b} + \frac{\Delta c}{c} + \frac{1}{2} \frac{\Delta d}{d} .$$

**47. Exemple IV**. — *On sait que le volume d'un cône est* $3^{lit},576$ ; *son rayon vaut* $0^m,541$ ; *on prend pour* $\pi$ *la valeur* 3,1415 ; *avec quelle erreur relative peut-on calculer la hauteur de ce cône, sachant que chacun des nombres donnés est approché à une unité près de l'ordre de son dernier chiffre à droite ?*

La formule à employer est

$$V = \frac{1}{3} \pi r^2 h,$$

d'où

$$h = \frac{3V}{\pi r^2} .$$

3 étant un facteur exact, son erreur relative est nulle ; par suite

$$\frac{\Delta h}{h} = \frac{\Delta V}{V} + \frac{\Delta \pi}{\pi} + 2 \frac{\Delta r}{r} .$$

En prenant le décimètre pour unité, on a

$$V = 3,576 \qquad r = 5,41 :$$

les erreurs relatives de ces nombres ont donc pour limites [(13) et (15)]

$$\frac{1}{3 \times 10^2} \qquad \text{et} \qquad \frac{1}{5 \times 10} ;$$

celle de $\pi$ est

$$\frac{1}{3 \times 10^4}$$

puisque ce nombre a 5 chiffres *exacts* ; donc une limite supérieure de l'erreur relative du résultat est

$$\frac{1}{3 \times 10^2} + \frac{2}{5 \times 10} + \frac{1}{3 \times 10^4} = \frac{1}{10^4} \left( \frac{300}{3} + \frac{2000}{5} + \frac{1}{3} \right),$$

quantité inférieure à

$$\frac{1}{10^4}\left(30 + 400 + 1\right) = \frac{431}{10^4} < \frac{1}{10}.$$

On peut donc calculer $h$ à $\frac{1}{10}$ près de sa valeur ; en remarquant que $431 < 500$, on pourrait même dire que

$$\frac{431}{10^4} < \frac{500}{10^4} = \frac{1}{20},$$

et par suite calculer $h$ à $\frac{1}{20}$ près de sa valeur.

### IIIᵉ Cas :

*On donne le nombre de chiffres exacts des différents nombres qui entrent dans une formule monome, et on demande de connaître le nombre des chiffres avec lesquels on peut connaître le résultat.*

**48.** Si la formule proposée ne comporte qu'une seule opération, les propositions (36), (39), (41) fournissent de suite la réponse.

Si on sait de plus que les nombres approchés le sont par défaut, on pourra employer les propositions (37), (40), (41, 2ᵉ partie).

Si la formule proposée comporte plusieurs opérations successives, on appliquera les propositions en question successivement à chaque opération. Du nombre des chiffres exacts de deux nombres $a$ et $b$, on conclura le nombre des chiffres exacts du résultat $n_1$ d'une première opération exécutée sur $a$ et $b$ ; de ce dernier nombre et du nombre des chiffres exacts de $c$, on conclura le nombre des chiffres exacts du résultat $n_2$ d'une seconde opération exécutée sur $n_1$ et $c$, etc.

Sitôt que la formule comporte plus de deux opérations, ce procédé n'offre plus aucun avantage : le nombre des chiffres exacts pour les différents résultats décroît presque à chaque opération de deux unités ; il vaut alors mieux recourir aux méthodes précédentes.

Un exemple simple va permettre de comparer les résultats.

*On demande de calculer la surface d'un cercle dont le rayon $r = 5,48932$ est connu avec 5 chiffres exacts, en prenant pour $\pi$ la valeur 3,14159. Sur combien de chiffres exacts peut-on compter au résultat ?*

La forme est $\qquad\qquad S = \pi r^2$.

$r$ étant connu avec 5 chiffres exacts, on ne peut compter que sur 3 chiffres exacts dans son carré ; $r^2$ étant connu avec 3 chiffres exacts et $\pi$ avec 6, on ne peut compter que sur *un seul chiffre* exact dans leur produit.

Appliquons maintenant les erreurs relatives. $r$ ayant 5 chiffres exacts, et son premier chiffre à gauche étant 5, son erreur relative a pour limite

$$\frac{1}{5 \times 10^4};$$

par suite celle de son carré a pour limite

$$\frac{2}{5 \times 10^4}.$$

$\pi$ étant connu avec 6 chiffres exacts, son erreur relative a pour limite

$$\frac{1}{3 \times 10^5}.$$

Donc l'erreur relative du produit $\pi r^2$ a pour limite

$$\frac{2}{5 \times 10^4} + \frac{1}{3 \times 10^5} = \frac{1}{10^4}\left(\frac{2}{5} + \frac{1}{30}\right) < \frac{1}{10^4} \cdot \frac{1}{2}.$$

Or on vérifie aisément, en calculant une valeur grossièrement approchée par défaut et par excès de $\pi r^2$, que son premier chiffre à gauche est supérieur à 2; donc on peut compter au produit sur $4 - 1 = 3$ chiffres exacts.

Appliquons enfin le procédé des erreurs absolues. L'erreur absolue de $r$ a pour limite supérieure $\frac{1}{10^4}$; donc celle de son carré a pour limite

$$2r'\Delta r = 11\frac{1}{10^4}.$$

Posons $r^2 = a$. Pour le produit

$$S = \pi a,$$

la formule d'erreur est

$$\Delta S = a'\Delta \pi + \pi'\Delta a = 30 \times \frac{1}{10^5} + 4.\frac{11}{10^4} = \frac{47}{10^4} < \frac{1}{10^3}.$$

L'erreur n'affecte donc pas la deuxième décimale; et comme le nombre a deux chiffres à sa partie entière, on aura donc *quatre* chiffres exacts.


## RÉSUMÉ DU CHAPITRE III

*Déterminer une limite supérieure de l'erreur du résultat d'une formule, connaissant les limites supérieures des erreurs qui affectent les données :*

I$^{er}$ *Cas :* On connaît les limites supérieures des erreurs absolues.

On applique à la formule à calculer la formule des erreurs

$$\Delta n = A\Delta a + B\Delta b + C\Delta c + \dots ;$$

on remplace dans A, B, C, ... les nombres qui y figurent par leurs limites supérieures ou inférieures, de manière à forcer la valeur des coefficients ; $\Delta a$, $\Delta b$, $\Delta c$, ... sont les limites supérieures des erreurs qui affectent les nombres $a$, $b$, $c$; on obtient ainsi une limite supérieure du second membre.

II$^e$ *Cas* : On connaît les erreurs relatives des données.

On suppose la formule de la forme $n = \dfrac{ab^m}{d\sqrt{c}}$; on a, par application de la formule générale,

$$\frac{\Delta n}{n} = \frac{\Delta a}{a} + m\,\frac{\Delta b}{b} + \frac{\Delta d}{d} + \frac{1}{2}\,\frac{\Delta c}{c}.$$

III$^e$ *Cas* : On connaît le nombre des chiffres exacts des données.

On suppose encore la formule de la forme précédente, et on décompose l'opération en une suite d'autres, portant sur deux nombres au plus ; on applique à chacune de ces opérations les règles 3 et 5 (Résumé du Chapitre II) ; on en conclut le nombre des chiffres exacts sur lesquels on peut compter au résultat.

# CHAPITRE IV

## CALCUL DU RÉSULTAT D'UNE FORMULE NUMÉRIQUE DONNÉE AVEC UNE APPROXIMATION DONNÉE

## *(Erreurs absolues.)*

---

**49.** Nous supposons maintenant que les nombres qui entrent dans les formules sont exacts, ou susceptibles d'être calculés avec autant de décimales qu'on le veut. Nous avons déjà fait remarquer (19) que l'approximation exigée ne saurait être supérieure à l'erreur provenant des données. Il s'agit maintenant de simplifier les nombres qui entrent dans la formule, de manière que le calcul effectué avec ces nombres simplifiés donne un nombre qui diffère du résultat exact (en plus ou en moins) d'une quantité inférieure à l'approximation donnée. De plus on demande de conserver dans le résultat le moins de chiffres possible.

Le *résultat complet* d'une formule numérique est le résultat que donne le calcul, sans suppression d'aucun chiffre.

**50. Approximation nécessaire pour le résultat complet.** — Supposons qu'on demande le résultat d'une formule à moins de $n$ unités de l'ordre décimal $\alpha$ ; $n$ est compris entre 0 et 10. Si par exemple l'approximation est de 0,0475, $\alpha$ est égal à 2 et $n$ à 4,75.

*On convient* que le résultat final doit être exprimé en unités de l'ordre $\alpha$, et que par suite on doit supprimer dans le résultat complet tous les chiffres qui suivent celui de l'ordre $\alpha$. Si on a soin de forcer le dernier chiffre conservé d'une unité, lorsque le premier chiffre supprimé est 5 ou un nombre plus grand que 5, l'erreur ainsi commise ne dépasse pas une demi-unité de l'ordre $\alpha$. Comme on ignore en général le sens de cette erreur, il faut supposer qu'elle peut s'ajouter à celle dont est déjà affecté le résultat complet.

Si donc on veut pouvoir affirmer que l'erreur du résultat *simplifié* ne dépasse pas *n* unités de l'ordre α, *il faut que l'erreur du résultat complet ne dépasse pas* $n - \dfrac{1}{2}$ *unités de l'ordre* α.

Ainsi, si le résulat simplifié doit être approché à moins de 0,0475 ou 4,75 centièmes, il suffit que le résultat complet soit approché à moins de

$$4,75 \text{ cent.} - \frac{1}{2} \text{ cent.} = 4,25 \text{ cent.} = 0,0425.$$

## Simplification des nombres entrant dans une formule numérique simple.

**51. Procédé de calcul.** — Soit $n = f(a, b)$ la formule dont le résultat doit être calculé à moins de *n* unités décimales de l'ordre α.

Cela signifie que le résultat doit être exprimé en unités de l'ordre α ; donc il suffit que le *résultat complet* de la formule $n = f(a, b)$ soit calculé avec une erreur égale au plus à $n - \dfrac{1}{2}$ unités de l'ordre α (50). Soit ε cette quantité.

Appelons $a_1$ et $b_1$ des nombres plus simples que *a* et *b*, différant de *a* et *b* de $\pm \Delta a$ et $\pm \Delta b$. Cherchons à déterminer $\Delta a$ et $\Delta b$ de façon que le nombre

$$n_1 = f(a_1, b_1)$$

diffère du résultat exact *n* de moins de ε.

L'erreur du nombre $n_1$ (ou plutôt une limite de cette erreur) se trouve en appliquant la formule d'erreur absolue convenant à l'opération $f(a, b)$,

$$\Delta n = A . \Delta a + B . \Delta b.$$

Pour que l'on ait $\qquad \Delta n < \varepsilon,$

il suffit que $\qquad A . \Delta a < \dfrac{\varepsilon}{2}, \qquad\qquad B . \Delta b < \dfrac{\varepsilon}{2}.$

On résout ces inégalités par rapport à $\Delta a$ et $\Delta b$, en arrondissant les nombres qui y figurent. Afin que les anciennes inégalités soient vérifiées, lorsque les nouvelles le sont, il faudra arrondir les nombres, de manière à *forcer les premiers membres et à réduire les seconds*.

Ayant ainsi déterminé les limites supérieures de $\Delta a$ et $\Delta b$, on néglige dans *a* et *b* autant de décimales qu'il est possible de le faire sans que l'erreur dépasse les limites trouvées, et on opère sur les nombres $a_1$ et $b_1$ ainsi simplifiés. Dans le résultat complet de ce calcul, on supprime tous les chiffres qui suivent le chiffre décimal de l'ordre $\alpha$, et on force d'une unité le dernier chiffre conservé, lorsque le premier chiffre supprimé est supérieur ou égal à 5.

Nous allons donner un exemple de ce procédé pour chacune des opérations élémentaires.

**52. Addition et soustraction.** — Dans ce cas on peut procéder un peu plus simplement. Si on doit trouver la somme de 15 nombres avec une erreur au plus égale à $\dfrac{1}{10000}$, il suffit évidemment que l'erreur commise sur chaque nombre soit inférieure à

$$\frac{1}{15 \times 10000} < \frac{0,07}{10000} = 0,000007.$$

Il suffit donc de prendre dans chacun des nombres donnés les six premiers chiffres décimaux ; l'erreur commise sur chacun d'eux sera par défaut et inférieure à $\dfrac{1}{10^6}$, donc *a fortiori* à $\dfrac{7}{10^6}$. L'erreur du résultat sera alors par défaut.

Le premier chiffre significatif de l'approximation est 7, nombre plus grand que 5. Il en résulte que si dans les nombres donnés on supprime tous les chiffres décimaux après le *cinquième*, en forçant d'une unité le dernier chiffre conservé, quand le premier chiffre supprimé est plus grand que 5, l'erreur de chacun de ces nombres ne dépasse pas $\dfrac{1}{2} \cdot \dfrac{1}{10^5} = \dfrac{5}{10^6}$ (9), et *a fortiori* elle est plus petite que $\dfrac{7}{10^6}$. Il suffira donc d'additionner les nombres ainsi simplifiés, pour avoir un résultat n'ayant que 5 chiffres décimaux, et possédant l'approximation donnée. Mais comme maintenant les nombres peuvent être approchés les uns par défaut, les autres par excès, on ignore le sens de l'erreur du résultat.

Supposons que les nombres donnés soient

$$31,7294325864,$$
$$114,2946710432,$$
$$8,571789412 :$$

en raisonnant de la première manière, il faut additionner

$$31,729432 + 114,294671 + 8,571789$$
$$= 154,595892 \quad \text{par défaut.}$$

En raisonnant de la seconde manière, on est conduit à faire la somme des nombres

$$31,72943 + 114,294671 + 8,57179 = 154,59589;$$

et on ne sait pas *a priori* quel est le sens de l'erreur ; en regardant de près les erreurs commises, ce nombre est par défaut.

On raisonnerait de même pour le cas de la soustraction. Si on prend le premier nombre par excès, le second par défaut, le résultat est par excès ; avec les approximations opposées, il est par défaut ; quand les approximations sont de même sens, on ne peut rien dire *a priori*.

**53. Multiplication**. — Soit à calculer à moins de 0,022 le produit

$$p = \pi \times 4,593287 = \pi a.$$

Il faudra calculer le résultat complet avec une erreur au plus égale à $\quad 0,022 - \dfrac{1}{2}$ centième $= 0,022 - 0,005 = 0,017,\quad$ afin qu'en supprimant dans ce résultat les chiffres qui suivent celui des centièmes et forçant au besoin le dernier chiffre conservé, l'erreur totale ne dépasse pas 0,022.

La formule des erreurs est

$$\Delta p = \pi' \Delta a + a' \Delta \pi.$$

Il faut que

$$\Delta p < 0,017 ;$$

il suffit pour cela que

$$(1) \qquad \pi' \Delta a < \frac{0,017}{2} = 0,0085$$

et (2) $\qquad\qquad a' \Delta \pi < 0,0085.$

Dans l'inégalité (1) on remplace $\pi'$ par sa valeur par excès 4 ; d'où

$$\Delta a < \frac{0,0085}{4} < 0,002.$$

Il en sera ainsi si au lieu de $a$ on prend le nombre

$$a_1 = 4,593.$$

De même dans l'inégalité (2), on remplace $a'$ par sa valeur par excès 5 ; d'où

$$\Delta \pi < \frac{0,0085}{6} < 0,001.$$

Il en sera ainsi si on prend dans $\pi$ les trois premiers chiffres décimaux,

$$\pi_1 = 3,141.$$

Effectuons maintenant le produit

$$\pi_1 \times a_1 = 4,593 \times 3,141 = 14,426613.$$

L'erreur totale de ce produit ne dépasse pas 0,017. Si on y supprime les chiffres qui suivent celui des centièmes, et si on force d'une unité le dernier chiffre conservé 2 (puisque le premier chiffre supprimé est 6), la nouvelle erreur ainsi commise ne dépasse pas 0,005. Donc le nombre

$$14,43$$

représente le produit cherché avec une erreur au plus égale à 0,022.

**54. Division.** — Soit à calculer à moins de 0,0457 le quotient

$$q = \frac{3,5984327}{\pi} = \frac{a}{\pi}.$$

Remplaçons $a$ et $\pi$ par des nombres plus simples $a_1$ et $\pi_1$ différant de $a$ et $\pi$ de quantités au plus égales à $\Delta a$ et $\Delta \pi$. Le résultat complet de l'opération

$$q_1 = \frac{a_1}{\pi_1}$$

devra être calculé avec une erreur au plus égale à

$$0,0457 - 0,005 = 0,0407.$$

La formule des erreurs est

$$\Delta q = \frac{1}{\pi'} \cdot \Delta a + \frac{a'}{\pi'^2} \cdot \Delta \pi.$$

Pour que $\qquad\qquad \Delta q < 0,0407$
il suffit que

$$(1) \qquad\qquad \frac{1}{\pi'} \Delta a < 0,0203,$$

et (2) $\qquad\qquad \dfrac{a'}{\pi'^2} \cdot \Delta \pi < 0,0203.$

Pour résoudre l'inégalité (1), on remplace $\pi'$ par sa valeur par défaut 3, afin de forcer le premier membre, ce qui donne

$$\Delta a < 0,0609 \ ;$$

il suffit donc de prendre dans $a$ le *premier* chiffre décimal en le forçant d'une unité, puisque le premier chiffre supprimé est 9 ; le nombre

$$a_1 = 3,6$$

diffère de $a$ de moins de $\dfrac{1}{2} \cdot \dfrac{1}{10}$ et par suite de moins de 0,06.

Pour résoudre l'inégalité (2), on remplace $a'$ par sa valeur par excès 4, $\pi'$ par sa valeur par défaut 3, ce qui donne

$$\frac{4}{9} \Delta \pi < 0,0203,$$

$$\Delta \pi < \frac{0,1827}{4} < 0,04.$$

Le nombre $\pi_1$ obtenu en prenant dans $\pi$ les deux premiers chiffres décimaux,

$$\pi_1 = 3,14,$$

remplira évidemment cette condition, puisqu'il diffère de $\pi$ de moins de 0,01.

Effectuons maintenant la division de $a_1$ par $\pi_1$, en poussant jusqu'au chiffre des millièmes. Le résultat devant en effet être exprimé en centièmes, il faut connaitre le premier chiffre supprimé. On trouve ainsi 1,146. Donc le résultat cherché est

$$1,15.$$

**55. Racine carrée.** — Soit à calculer à moins de 0,003 la racine carrée du nombre $e$, sachant que

$$e = 2,7128\ldots.$$

Soit $e_1$ le nombre plus simple par lequel on remplace $e$; le résultat complet de l'opération $\quad r = \sqrt{e_1}$
devra être calculé avec une erreur au plus égale à

$$0,003 - \frac{1}{2} \text{ millième} = 0,0025.$$

La formule d'erreur est

$$\Delta r = \frac{1}{2\sqrt{e'}}\Delta e,$$

$e'$ étant une limite inférieure de $e$. Pour que

$$\Delta r < 0,0025,$$

il suffit que
$$\frac{1}{2\sqrt{e'}}\Delta e < 0,0025$$

ou
$$\Delta e < 0,0025 \times 2\sqrt{2}$$

ou que
$$\Delta e < 0,005.$$

Si dans $e$ on ne prend que les deux premières décimales, et si on remarque que le premier chiffre supprimé est un 2, le nombre $e_1 = 2,71$ différera de $e$ de moins de 0,005.

Extrayons à un millième près la racine carrée de $e_1$, en poussant jusqu'au chiffre des dix-millièmes, afin de connaître la valeur du premier chiffre à supprimer :

| | |
|---|---|
| 2,7 1 | 1,6462 |
| 1 7.1 | $26 \times 6 = 156$ |
| 1 50.0 | $324 \times 4 = 1296$ |
| 20 40.0 | $3286 \times 6 = 19716$ |
| 68 40.0 | 3292 |

le premier chiffre à supprimer étant 2, le résultat cherché est 1,646.


**56. Racine cubique.** — Soit à calculer à moins de $0^m,001$ le côté d'un tétraèdre dont le volume vaut 1 décimètre cube.

(Arts et Métiers, 1896.)

En prenant $V = 1$, il faut exprimer $a$ en décimètres, et par suite calculer $a$ avec une erreur inférieure à 0,01. On a d'ailleurs

$$V = \frac{a^3 \sqrt{2}}{12},$$

d'où
$$a^3 = 6V\sqrt{2} = 6\sqrt{2} = \sqrt{72} = b,$$

et par suite
$$a = \sqrt[3]{b} \ ;$$

$b$ est un nombre qu'on peut calculer avec une approximation indéfinie.

$a$ devant être calculé à moins de 0,01, le résultat complet de l'opération $\sqrt[3]{b}$ doit être calculé à moins de

$$1 \text{ centième} - \frac{1}{2} \text{ centième} = 0,005.$$

Soit $b_1$ un nombre plus simple que $b$, $\Delta b$ l'erreur commise sur $b$ ; l'erreur commise sur $a$ est donnée par la formule

$$\Delta a = \frac{1}{3\sqrt[3]{b'^2}} \Delta b,$$

$b'$ étant une valeur approchée par défaut de $b$ ; on peut prendre ici. $b' = 8$. Pour que l'on ait

$$\Delta a < 0,005,$$

il suffit que

$$\frac{1}{3\sqrt[3]{64}} \Delta b < 0,005$$

ou
$$\Delta b < 12 \times 0,005 = 0,06.$$

Il suffit donc d'exprimer $b$ en centièmes.

On trouve ainsi $b = 8,48$. Il reste à extraire la racine cubique de ce nombre à 0,01 près, ce qui donne 2,03. On s'assure que le chiffre suivant est inférieur à 5, et par suite on ne doit pas forcer le chiffre 3. Le résultat cherché est donc

$$0^\mathrm{m},203.$$

**57. Règle d'Oughtred pour la multiplication abrégée.** — Cette règle s'applique lorsqu'on demande de trouver le produit de deux nombres décimaux à moins d'*une* unité décimale d'un certain ordre.

**Règle.** — *Pour trouver à moins d'une unité décimale d'un ordre déterminé le produit de deux nombres décimaux, on écrit le multiplicateur renversé au-dessous du multiplicande, en plaçant le chiffre de ses unités simples au-dessous du chiffre du multiplicande qui représente des unités cent fois plus petites que celles qu'on veut obtenir au produit.*

*Puis on multiplie, de droite à gauche, le multiplicande par cha-*

*cun des chiffres du multiplicateur, en commençant chaque opération partielle au chiffre du multiplicande placé immédiatement au-dessus du chiffre par lequel on multiplie ; on écrit tous ces produits partiels les uns au-dessous des autres en faisant correspondre dans une même colonne verticale leurs premiers chiffres à droite.*

*On fait la somme des produits ainsi obtenus ; on supprime deux chiffres sur sa droite ; on force le dernier chiffre conservé d'une unité ; enfin on place la virgule de façon que le dernier chiffre conservé représente des unités décimales de l'ordre cherché.*

*Exemple :* Soit à calculer à 0,01 près le produit des nombres

$$\pi = 3{,}141592\ldots,$$
$$a = 4{,}593287\ldots.$$

Appliquons textuellement la règle.

```
        4,593 287...
    ...95 141,3
    ─────────────
        137796
          4593
          1836
            45
            20
    ─────────────
        144290        Résultat . .  14,43.
```

**58. Justification de la règle.** — La disposition même des deux nombres montre que le premier chiffre à droite de chaque produit représente des dix-millièmes.

Dans chacune des multiplications successives, on a négligé au multiplicande des nombres respectivement inférieurs à

$$\frac{1}{10^4}, \qquad \frac{1}{10^3}, \qquad \frac{1}{10^2}, \qquad \frac{1}{10}, \qquad 1\,;$$

ces nombres auraient dû être multipliés respectivement par

$$3, \qquad 0{,}1, \qquad 0{,}04, \qquad 0{,}001, \qquad 0{,}0005\,;$$

par suite la somme des erreurs commises de ce chef est inférieure à

$$\frac{1}{10^4} \times 3 + \frac{1}{10^3} \times \frac{1}{10} + \frac{1}{10^2} \times \frac{4}{100} + \frac{1}{10} \times \frac{1}{1000} + 1 \times \frac{5}{10000}$$

$$= \frac{3 + 1 + 4 + 1 + 5}{10^4},$$

et en général à

$$\frac{S}{10^4},$$

en appelant S la somme des chiffres employés au multiplicateur.

D'autre part on a négligé au multiplicateur une partie inférieure à $\frac{1}{10^4}$ ; si donc on appelle $m$ un nombre supérieur au multiplicande (d'aussi peu que l'on voudra d'ailleurs), on a commis ainsi une nouvelle erreur par défaut, inférieure à $\frac{m}{10^4}$.

L'erreur totale, par défaut, commise sur le produit ne vaut donc pas

$$\frac{s + m}{10^4}.$$

Dans la pratique $s + m$ est inférieur à 100 ; cette erreur ne vaut donc pas $\frac{1}{100}$. Il en résulte que si on supprime dans le produit les chiffres qui suivent celui des centièmes, l'erreur totale sera *par défaut* et inférieure à $\frac{2}{100}$. Si donc on force le dernier chiffre conservé d'une unité, on commet une erreur *par excès* exactement égale à $\frac{1}{100}$. Donc l'erreur finale est inférieure à $\frac{1}{100}$, mais on en ignore le sens.

**59.** REMARQUE. — On voit de suite que si $s + m$ est plus grand que 100 et inférieur 1000, le raisonnement subsistera à condition que le dénominateur de l'erreur soit $10^5$. On y parvient en plaçant le chiffre des unités du multiplicateur renversé au-dessous du chiffre du multiplicateur qui représente des unités mille fois plus petites que celles qu'on veut obtenir au produit.

## Calcul d'une formule numérique complexe par la méthode des erreurs absolues.

**60.** Une formule numérique complexe comporte plusieurs opérations successives, dans chacune desquelles on opère sur deux nombres au plus. Par exemple, on opère d'abord sur deux nombres $a$ et $b$, ce qui donne un nombre $n_1$ ; puis sur $n_1$ et $c$, ce qui donne $n_2$ ; enfin sur $n_2$ et $d$ ; supposons que cette dernière opération donne le nombre $n$.

De l'approximation demandée pour le nombre $n$, on déduira, comme on l'a vu, les approximations nécessaires pour les nombres $n_2$ et $d$ ; de l'approximation demandée pour $n_2$, celles nécessaires pour $n_1$ et $c$ ; enfin de l'approximation demandée pour $n_1$, celles nécessaires pour $a$ et $b$.

On fait ensuite les opérations sur les nombres ainsi simplifiés, et on ne conserve dans chaque résultat que le nombre de chiffres exigé par l'approximation.

**61. Exemple.** — Calculer à 0,01 près le nombre

$$n = \frac{14{,}178\,923 \times \sqrt{83{,}015}}{3{,}217\,89}.$$

Posons

$$b = 14{,}178\,923, \qquad c = 83{,}015, \qquad d = 3{,}21789 ;$$

on aura

$$n = \frac{b\sqrt{c}}{d}.$$

Les opérations successives à faire sont :

$$n_1 = \sqrt{c} ; \qquad n_2 = bn_1 ; \qquad n = \frac{n_2}{d}.$$

1° $n$ devant être calculé à moins de 0,01, le *résultat complet* de l'opération $\dfrac{n_2}{d}$ devra être calculé (47) avec une erreur au plus égale à

$$0{,}01 - \frac{1}{2} \text{ centième} = 0{,}005.$$

La formule d'erreur d'un quotient est

$$\Delta n = \frac{1}{d'} \cdot \Delta n_2 + \frac{n_2'}{d'^2} \cdot \Delta d.$$

Donc, pour que l'on ait

$$\Delta n < 0{,}005,$$

il suffit que

$$(1) \qquad \frac{1}{d'}\,\Delta n_2 < 0{,}0025,$$

et (2)

$$\frac{n_2'}{d'^2}\,\Delta d < 0{,}0025.$$

Dans ces inégalités, remplaçons $d'$ par sa valeur par défaut 3, et $n_2'$ par une valeur par excès $15 \times 10 = 150$, afin de forcer les premiers membres ; il vient

$$\Delta n_2 < 3 \times 0{,}0025 = 0{,}0075,$$

$$\Delta d < \frac{0{,}0025 \times 9}{150} < 0{,}00015.$$

Cette dernière inégalité prouve qu'il suffira de prendre dans $d$ les quatre premiers chiffres décimaux, ce qui donne le nombre $d_1 = 3{,}2178$ différant de $d$ de moins de 0,0001.

2° $n_2$ devant être calculé avec une erreur au plus égale à 0,0075, le résultat complet de l'opération

$$n_2 = bn_1$$

devra être calculé avec une erreur au plus égale à

$$0,0075 - \frac{1}{2} \text{ millième} = 0,007.$$

La formule d'erreur du produit est

$$\Delta n_2 = b' \Delta n_1 + n'_1 \Delta b.$$

Donc, pour que l'on ait

$$\Delta n_2 < 0,007,$$

il suffit que

$$b' \Delta n_1 < 0,0035,$$

$$n'_1 \Delta b < 0,0035.$$

Dans ces inégalités, remplaçons $b'$ par sa valeur par excès 15, et $n'_1$ par sa valeur par excès 10, afin de forcer les premiers membres ; il vient

$$(3) \qquad \Delta n_1 < \frac{0,0035}{15} < 0,00023\ldots$$

$$(4) \qquad \Delta b < 0,00035.$$

L'inégalité (4) sera vérifiée si on substitue à $b$ le nombre $b_1$ obtenu en prenant dans $b$ les quatre premiers chiffres décimaux,

$$b_1 = 14,1789.$$

3° $n_1 = \sqrt{c}$ devant être calculé avec une erreur au plus égale à 0,00023, il suffira de conserver le nombre $c$ sans le simplifier et d'extraire sa racine par défaut avec quatre chiffres décimaux.

OPÉRATIONS

I. *Calcul de* $n_1$.

```
83,0 15        | 9,1112
   2 0.1       | 181
     2 05.0    | 1821
    22 90.0    | 18221
   4 67 90.0   | 18222        n₁ = √c = 9,1112.
```

II. *Calcul de* $n_2$. — Pour calculer $n_2$ avec une erreur au plus égale à 0,007, il suffit évidemment de calculer sa valeur à un millième près ; on pourra faire cette opération par la règle d'Oughtred

```
      14,17890
        21119
    ───────────
     127 61010
      1 41789
        14178
         1417
          282
    ───────────
     129 18676           n₂ = 129,187
```

III. *Calcul de n.* — On fait la division de 129,187 par 3,2178 et on pousse l'opération jusqu'aux millièmes afin de connaître le premier chiffre supprimé.

```
 1291870  |  32178
 00047500  |  40,147
  153220
  245080                    n = 40,15.
```

**62.** M. Guyou (*Note sur les approximations numériques*) préconise le procédé suivant, pour mettre en œuvre les règles précédemment énoncées. — Nous lui en empruntons le texte :

1° Remplacer par des lettres, dans l'expression donnée, le nombre ou les nombres auxquels on espère pouvoir substituer des nombres plus simples. Un même nombre doit être représenté par autant de lettres distinctes qu'il se présente de fois dans la formule.

2° Préparer un tableau en quatre colonnes, ayant respectivement pour titres :

(1) Opérations à effectuer ;
(2) Résultats approchés par excès et par défaut ;
(3) Approximations nécessaires ;
(4) Résultats définitifs.

3° Indiquer dans la colonne (1) les opérations à effectuer successivement, en désignant par de nouvelles lettres les résultats de ces opérations, et en ayant soin, lorsque, dans une de ces opérations, on aura à utiliser un des nombres qui ont été désignés au début par des lettres, de placer la lettre qui indique ce nombre avant l'opération elle-même.

4° Dans la colonne (2) on inscrira des valeurs grossièrement approchées par excès et par défaut des nombres mentionnés dans la colonne (1).

5° Inscrire sur la dernière ligne de la colonne (3) en regard de *n* l'approximation demandée ; déterminer (en plaçant les calculs au-dessous du tableau) l'approximation nécessaire aux éléments de la dernière opération, l'inscrire en regard de ces éléments, et continuer, en remontant, jusqu'à ce que la colonne soit remplie.

6° On écrira immédiatement dans la colonne (4) les valeurs des nombres qui ont été désignés au début par des lettres, avec l'approximation indiquée en regard, et l'on effectuera enfin les opérations indiquées dans la colonne (1) en poussant les calculs jusqu'aux unités de l'ordre du premier chiffre significatif à gauche de l'approximation inscrite dans la colonne (3), en forçant d'une unité le dernier chiffre conservé, lorsque le premier chiffre supprimé est égal ou supérieur à 5.

**63**. En appliquant ce dispositif à l'exemple traité on trouve le tableau suivant :

| (1) Opérations | (2) Val. approchées | | (3) Approximat. | (4) Résultats définitifs |
|---|---|---|---|---|
| $c$ | 80 | 100 | — | 83,015 |
| $n_1 = \sqrt{c}$ | 9 | 10 | 0,00023 | 9,1112 |
| $b$ | 14 | 15 | 0,00035 | 14,1789 |
| $n_2 = bn_1$ | 120 | 150 | 0,0075 | 129,187 |
| $d$ | 3 | 4 | 0,00015 | 3,2178 |
| $n = \dfrac{n_2}{d}$ | 50 | 30 | 0,01 | 40,15 |

$$\frac{1}{d'}\Delta n_2 + \frac{n'_2}{d'^2}\Delta d < 0,01 - 0,005 \qquad\Big|\qquad b'\Delta n_1 + n'_1\Delta b < 0,0075 - 0,0005 = 0,007$$

$$\frac{1}{3}\Delta n_2 < 0,0025, \quad \Delta n_2 < 0,0075 \qquad\Big|\qquad 15\Delta n_1 < 0,0035, \quad \Delta n_1 < 0,00023$$

$$\frac{150}{9}\Delta d < 0,0025, \quad \Delta d < 0,00015 \qquad\Big|\qquad 10\Delta b < 0,0035, \quad \Delta b < 0,00035.$$

## RÉSUMÉ DU CHAPITRE IV

*Calculer avec une erreur absolue inférieure à un nombre donné, le résultat d'une formule numérique* $n = f(a, b, c)$. (Méthode des erreurs absolues.)

**1**. On appelle résultat complet d'une opération le résultat exact avec tous ses chiffres décimaux.

**2**. On convient que le dernier chiffre décimal de la valeur approchée du nombre $n$ doit être du même ordre que le premier chiffre significatif à gauche de l'approximation.

**3**. Pour calculer à moins de $n$ unités de l'ordre décimal $\alpha$ ($n < 10$) le résultat d'une opération, il suffit de calculer le résultat complet de cette opération avec une erreur inférieure à $\left(n - \dfrac{1}{2}\right)$ unités de l'ordre $\alpha$.

Dans ce résultat complet, on supprime tous les chiffres qui suivent celui de l'ordre $\alpha$, et on force le dernier chiffre conservé d'une unité, lorsque le premier chiffre supprimé est supérieur ou égal à 5.

**4**. Pour calculer avec une erreur inférieure à $\varepsilon$ le résultat d'une formule numérique simple, $n = f(a, b)$, on applique à cette opération la formule des erreurs

$$\Delta n = A\Delta a + B\Delta b,$$

et on choisit $\Delta a$ et $\Delta b$ par les conditions

$$A\Delta a < \frac{\varepsilon}{2}, \qquad B\Delta b < \frac{\varepsilon}{2}.$$

Ces inégalités se résolvent en arrondissant les nombres et en forçant les premiers membres.

5. Pour calculer avec une approximation donnée le résultat d'une formule numérique complexe, on représente par des lettres les nombres à simplifier, ainsi que les résultats des opérations successives. De l'approximation exigée pour le résultat de la dernière opération, on déduit les approximations nécessaires pour les nombres $a$ et $b$ sur lesquels porte cette opération ; de ces dernières on déduit les approximations·nécessaires pour les nombres qui ont servi à former $a$ et $b$, et ainsi de suite. On fait ensuite les opérations dans l'ordre indiqué avec les nombres approchés et dans chaque résultat on ne conserve que les chiffres nécessaires pour avoir l'approximation qui correspond à ce résultat.

# CHAPITRE V

## CALCUL DU RÉSULTAT D'UNE FORMULE NUMÉRIQUE DONNÉE AVEC UNE APPROXIMATION DONNÉE

### *(Erreurs relatives.)*

---

**64.** Nous supposerons dans ce qui suit que les nombres sur lesquels on opère ne sont soumis ni à l'addition ni à la soustraction. Nous ne raisonnerons que sur des monomes de la forme $\dfrac{ab^m}{c^q\sqrt{d}}$.

**65. Nombre de chiffres exacts à calculer.** — Si on demande de calculer le résultat de la formule avec une erreur absolue au plus égale à $e_a$, on commencera par en déduire le nombre des chiffres exacts qu'on doit avoir au résultat.

Si, par exemple, $e_a = 0,0035$, il suffira de calculer le résultat avec trois décimales exactes ; le nombre approché ainsi obtenu différera du nombre exact de moins de 0,001 et *a fortiori* de moins de 0,0035. Il suffira même de calculer le résultat avec trois décimales (dont deux exactes) ; car (11) le nombre ainsi écrit différera encore du résultat cherché de moins de 0,001 ; mais on ignore le sens de l'erreur.

Si on demande de calculer le nombre final avec une erreur relative au plus égale à $e_r$, on substitue à $e_r$ une fraction plus petite de la forme $\dfrac{1}{k \times 10^n}$, $k$ étant $\leqslant 10$ ; il suffira évidemment que l'erreur relative soit plus petite que $\dfrac{1}{k \times 10^n}$. Il faut alors se demander avec combien de chiffres exacts on devra calculer le résultat final pour que son erreur relative soit inférieure à $\dfrac{1}{k \times 10^n}$.

Soit $p$ ce nombre de chiffres, et $a$ le premier chiffré significatif à gauche du nombre. Son erreur relative a pour limite supérieure

$$\frac{1}{a \times 10^{p-1}} \cdot$$

Il suffira donc de choisir $p$ de telle sorte que

$$\frac{1}{a \times 10^{p-1}} < \frac{1}{k \times 10^n},$$

ou que

$$k \times 10^n < a \times 10^{p-1};$$

si $k < a$, il suffira que $n = p - 1$, ou $p = n + 1$;
si $k > a$, il suffira que $n = p - 2$, ou $p = n + 2$.

Ainsi, par exemple, soit à calculer un nombre avec une erreur relative au plus égale à $\frac{32}{1000}\cdot$ On écrit

$$\frac{32}{1000} = \frac{1}{\frac{100}{32} \cdot 10} > \frac{1}{4.10},$$

en remplaçant $\frac{100}{32}$ par sa valeur par excès, 4.

Pour calculer le nombre proposé avec une erreur relative au plus égale à $\frac{1}{4 \times 10}$, on le calcule donc avec $1 + 1 = 2$ chiffres exacts, si son premier chiffre significatif à gauche est supérieur à 4; avec $1 + 2 = 3$ chiffres exacts, si ce chiffre est inférieur à 4.

De toute manière, on est ramené au problème suivant :

*Calculer une formule monome avec un nombre donné de chiffres exacts.*

Nous allons commencer par résoudre ce problème pour le cas des opérations simples, telles que la multiplication, la division, l'élévation au carré, l'extraction de la racine carrée.

## Simplification des nombres figurant
## dans une formule simple.

### MULTIPLICATION OU DIVISION

**66. Théorème.** — *Pour calculer le produit ou quotient de deux nombres avec $m$ chiffres exacts, il suffit de prendre $m + 2$ chiffres dans chacun d'eux si aucun ne commence par 1 et $m + 3$ dans celui qui aurait 1 pour premier chiffre significatif à gauche.*

En effet, soient $a$ et $a'$ les premiers chiffres significatifs à gauche des nombres $n$ et $n'$ dont on cherche le produit ou le quotient; supposons d'abord qu'aucun d'eux ne soit égal à 1. Prenons $m + 2$ chiffres dans chacun d'eux ; leurs erreurs relatives ont pour limites (16)

$$\frac{1}{a \times 10^{m+1}} \, , \qquad \frac{1}{a' \times 10^{m+1}} \, .$$

Donc l'erreur relative de leur produit ou quotient a pour limite

$$\frac{1}{10^{m+1}} \left( \frac{1}{a} + \frac{1}{a'} \right) < \frac{1}{10^{m+1}} = \frac{1}{10.10^m} \, .$$

Donc (17) on peut compter sur $m$ chiffres exacts à leur produit ou quotient.

Si $a' = 1$, on ne peut plus affirmer que $\frac{1}{a} + \frac{1}{a'}$ est inférieur à 1 ; mais si on prend $m + 3$ chiffres dans $a'$, l'erreur relative de ce nombre approché a pour limite

$$\frac{1}{a' \times 10^{m+2}} = \frac{1}{10.10^{m+1}}$$

et la conclusion reste légitime.

Il faut remarquer que les chiffres sur lesquels on raisonne sont *exacts*, c'est-à-dire que les nombres approchés sur lesquels on raisonne sont les valeurs approchées *par défaut* des nombres donnés.

**67. Exemple.** — *Calculer le produit* $\pi\sqrt{3}$ *avec deux chiffres exacts.*

$$\pi = 3,141592\ldots,$$
$$\sqrt{3} = 1,732050\ldots.$$

D'après le théorème précédent, il faut prendre 4 chiffres dans $\pi$ et 5 dans $\sqrt{3}$.

$$
\begin{array}{r}
3,141 \\
1,7320 \\
\hline
6\ 282 \\
94\ 23 \\
2\ 198\ 7 \\
3\ 141 \\
\hline
5,440\ 212
\end{array}
$$

Le résultat cherché est donc 5,44.

**68. Théorème.** — *Pour connaître avec* $m$ *chiffres (dont* $m - 1$ *exacts) le produit ou le quotient de deux nombres exacts, il suffit de prendre* $m + 1$ *chiffres dans chaque nombre, si aucun d'eux ne commence par l'unité, et* $m + 2$ *dans celui qui commence par 1.*

En effet, en répétant le raisonnement précédent, on voit que l'erreur relative du résultat a pour limite supérieure $\frac{1}{10^m}$. Supposons que le nombre ait $p$ chiffres à sa partie entière ; une limite supérieure du nombre sera $10^p$, et par suite une limite supérieure de son erreur absolue sera

$$10^p \times \frac{1}{10^m} = \frac{1}{10^{m-p}} ;$$

de plus le résultat sera approché par défaut si, dans le cas de la division, on a eu soin de prendre le diviseur par excès. Si donc on supprime toutes les décimales qui suivent celles de l'ordre $m - p$ et si on force le dernier chiffre conservé d'une unité, l'erreur totale du nombre approché ainsi obtenu sera inférieure à $\frac{1}{10^{m-p}}$ ; mais on en ignore le sens ; le dernier chiffre sera, ou bien exact, ou trop fort d'une unité.

On connaîtra donc le nombre avec $m - p$ décimales (dont $m - p - 1$ exactes), ou bien avec $p + m - p = m$ chiffres (dont $m - 1$ exacts).

Ce théorème peut s'employer chaque fois qu'on ne fait qu'*une seule* opération sur deux nombres exacts.

**69. Exemple.** — *Calculer à 0,001 près le quotient des nombres*

$$a = 25,789321876,$$
$$b = 3,4534785.$$

Il suffit de calculer le quotient avec 4 chiffres (dont 3 exacts), puisqu'il y a un chiffre à la partie entière. On prendra donc dans chaque nombre 5 chiffres, en ayant soin de prendre le diviseur par excès ; on poussera l'opération jusqu'aux millièmes et on forcera le dernier chiffre d'une unité.

$$
\begin{array}{r|l}
257890 & 34535 \\
161450 & \overline{7,467} \\
233100 & \\
266900 & \qquad q = 7,468.
\end{array}
$$

**70. Cas particulier où l'un des termes d'un produit ou quotient est un nombre exact, inutile à simplifier.** — Soit $a$ le nombre exact que l'on conserve et $b$ le nombre qu'on cherche à remplacer par un autre nombre $b_1$. En appelant $\beta$ le premier chiffre significatif à gauche du nombre $b$, l'erreur relative du produit $ab_1$ a pour limite supérieure

$$\frac{1}{\beta \times 10^{h-1}},$$

(en appelant $h$ le nombre des chiffres de $b_1$) ; en effet l'erreur relative de $a$ est nulle. On peut donc compter dans le produit sur

$h - 2$ chiffres exacts; sur $h - 1$, si $\beta$ est plus grand que le premier chiffre du produit $ab_1$.

Bien plus, si ce produit ou quotient est approché par défaut, on pourra appliquer le théorème (18) et connaître le produit avec $h - 1$ chiffres (dont $h - 2$ exacts) dans le premier cas; avec $h$ chiffres (dont $h$ exacts) dans le second cas.

D'où les deux règles :

Pour connaître avec $m$ chiffres exacts le produit ou quotient de deux nombres dont l'un reste exact, il suffit de prendre $m + 2$ chiffres dans l'autre nombre; on pourra se contenter d'en prendre $m + 1$ si le premier chiffre du second nombre est supérieur au premier chiffre du produit.

Pour connaître avec $m$ chiffres (dont $m - 1$ exacts) le produit ou quotient de deux nombres dont l'un reste exact, il suffit de prendre $m + 1$ chiffres dans le second nombre; on pourra se contenter d'en prendre $m$ si le premier chiffre du second nombre est supérieur au premier chiffre du produit.

**71. Exemple.** — *Calculer* $310 \sqrt{59}$ *à moins de* 0,01.

Le sens de l'erreur n'étant pas spécifié et ce nombre ayant 4 chiffres à sa partie entière, il suffit donc de le calculer avec 6 chiffres (dont 5 exacts).

D'autre part, le produit est compris entre $300 \times 7$ et $300 \times 8$; son premier chiffre est donc 2, inférieur au premier chiffre 7 de $\sqrt{59}$ ; donc il suffit de prendre $\sqrt{59}$ avec 6 chiffres.

Dans tous les cas de ce genre, on peut aussi raisonner de la manière suivante :

Soit $\dfrac{1}{10^n}$ l'erreur commise sur $\sqrt{59}$ ; celle du produit sera inférieure à

$$\frac{310}{10^n};$$

il suffit donc de choisir $n$ de manière que

$$\frac{310}{10^n} < \frac{1}{10^2}$$

ou $310 < 10^{n-2}$.

Il suffit pour cela que $n - 2 = 3$, ou $n = 5$. Il suffit donc de prendre $\sqrt{59}$ avec cinq chiffres.

**72. Autre exemple.** — *Calculer* $\dfrac{1}{\pi}$ *avec quatre chiffres exacts.*

Il suffit de prendre $\pi$ avec 6 chiffres exacts, car le premier chiffre du quotient est 3, c'est-à-dire égal à celui de $\pi$.

On cherchera donc le quotient de 1 par 3,14159 avec quatre chiffres exacts.

**73. Théorème.** — *Pour calculer le carré d'un nombre avec $m$ chiffres exacts, il suffit de prendre $m + 2$ chiffres dans le nombre; on en prendra $m + 3$ si le nombre commence par l'unité.*

C'est un corollaire immédiat de (66).

**74. Exemple.** — *Calculer $\pi^2$ avec 4 chiffres exacts.*

Il suffit de prendre 6 chiffres dans $\pi$

$$\pi = 3,14159.$$

$$
\begin{array}{r}
3,14159 \\
3,14159 \\
\hline
28\ 27431 \\
157\ 0795 \\
314\ 159 \\
12566\ 36 \\
31415\ 9 \\
9\ 42477 \\
\hline
9,86958\ 77281 \\
\end{array}
$$
résultat 9,869.

On aurait pu arriver au même résultat en calculant par la méthode abrégée le produit à $\dfrac{1}{10\,000}$ près; les trois premières décimales eussent été exactes.

**75. Théorème.** — *Pour connaître avec $m$ chiffres (dont $m - 1$ exacts) le carré d'un nombre, il suffit de prendre $m + 1$ chiffres dans ce nombre, et $m + 2$ s'il commence par 1.*

Corollaire de (68).

En appliquant cette règle à l'exemple précédent, on trouve encore 9,869; mais on ne peut plus affirmer *a priori* que 9,869 est la valeur approchée de $\pi^2$ à $\dfrac{1}{1000}$ près *par défaut*.

RACINE CARRÉE

**76. Théorème.** — *Pour obtenir la racine carrée d'un nombre avec $m$ chiffres exacts, il suffit d'en prendre $m + 2$ dans le nombre; on pourra se contenter d'en prendre $m + 1$ si le double du premier chiffre du nombre est plus grand que le premier chiffre de la racine.*

En effet, soient $a$ le premier chiffre à gauche du nombre, et $b$ le premier chiffre de sa racine.

Supposons d'abord $2a > b$. Prenons $m + 1$ chiffres dans le nombre ; son erreur relative a pour limite supérieure (16)

$$\frac{1}{a \times 10^m},$$

celle de sa racine (33)

$$\frac{1}{2a \times 10^m};$$

donc (17) puisque $2a > b$, la racine aura $m$ chiffres exacts. Si $2a < b$, on ne pourra plus compter que sur $m - 1$ chiffres exacts. Il suffira alors de prendre $m + 2$ chiffres dans le nombre, pour pouvoir compter sur $m$ chiffres à la racine.

**77. Exemple.** — *Calculer* $\sqrt[4]{3}$ *avec trois chiffres exacts.*
On a évidemment

$$\sqrt[4]{3} = \sqrt{\sqrt{3}}$$

et
$$\sqrt{3} = 1,732050\ldots.$$

Le nombre $n = \sqrt{3}$ commençant par 1, sa racine carrée commencera aussi par 1 ; on est donc dans le cas de $2a > b$ ; par suite il suffit de prendre quatre chiffres dans $\sqrt{3}$.

Extrayons à un centième près la racine de 1,732

$$
\begin{array}{r|l}
1,7320 & 1,31 \\ \hline
73 & 23 \\
420 & 26
\end{array}
$$

Le résultat est 1,31 par défaut.

**78. Théorème.** — *Pour connaître la racine carrée d'un nombre avec m chiffres (dont $m - 1$ exacts), il suffit de prendre $m + 1$ chiffres dans le nombre ; on pourra se contenter d'en prendre m si le double du premier chiffre du nombre est supérieur au premier chiffre de la racine.*

Supposons d'abord $2a > b$, et répétons le raisonnement du § 73. Nous prouverons que la racine a $m - 1$ chiffres exacts, et qu'elle est par défaut. En employant alors le théorème (18), on voit qu'on obtient la valeur de la racine avec $m$ chiffres (dont $m - 1$ exacts) en forçant le $m^e$ chiffre d'une unité et supprimant les suivants.

On démontrerait de même le théorème pour le cas de $2a \leqslant b$.

**79. Exemple.** — *Calculer à un dix-millième près le nombre*

$$z = \sqrt{\frac{9 \times 25}{22}}.$$

(Arts et Métiers, 1895.)

Comme on ne spécifie pas le sens de l'erreur du résultat, il suffit de calculer le résultat avec quatre décimales (dont trois exactes).

Une valeur approchée par défaut du nombre sous radical est 10 ; donc ici $a = 1$, $b = 3$ ; par suite $2a < b$ ; il faut donc calculer le nombre sous radical avec 5 chiffres décimaux exacts.

La division de 225 par 22 donne, avec 5 décimales,

$$10{,}22727.$$

La racine de ce nombre avec quatre décimales donne

$$3{,}1980.$$

En forçant le 4⁰ chiffre décimal et supprimant les suivants, il vient

$$3{,}1981.$$

RACINE CUBIQUE

**80**. On démontrerait de même les propositions suivantes relatives à la *racine cubique* :

1⁰ *Pour obtenir la racine cubique d'un nombre avec m chiffres exacts, il suffit d'en prendre $m + 2$ dans le nombre ; on pourra se contenter d'en prendre $m + 1$ si le triple du premier chiffre du nombre est plus grand que le premier chiffre de la racine ;*

2⁰ *Pour connaître avec m chiffres (dont $m - 1$ exacts) la racine cubique d'un nombre, il suffit d'en prendre $m + 1$ chiffres exacts dans le nombre ; on pourra se contenter d'en prendre m si le triple du premier chiffre du nombre est plus grand que le premier chiffre de la racine.*

## Calcul d'une formule numérique complexe par la méthode des erreurs relatives.

**81. Procédé de calcul.** — On remplace d'abord par des lettres les nombres qu'ont veut simplifier ; on désigne par d'autres lettres les résultats des opérations successives ; d'après les hypothèses faites, ces dernières sont des multiplications, divisions, élévations au carré, extractions de racines carrées ou cubiques.

Nous supposerons (ce qui est le cas général) qu'on ne spécifie pas le sens de l'erreur du résultat final. Si ce résultat doit comporter $m$ chiffres, il suffira donc qu'il soit connu avec $m$ chiffres (dont $m - 1$ exacts). En appliquant alors les propositions (68), (75), (78), (80, 2⁰), on en déduira le nombre de chiffres *exacts* qu'il faut connaitre dans les nombres $a$ et $b$ qui ont servi dans cette opération.

Pour déterminer ces nombres de chiffres *exacts*, il faut maintenant

de toute nécessité se servir des propositions (66), (73), (76), (80, 1°);
on en conclut le nombre des chiffres exacts à prendre dans les
nombres qui ont servi à former $a$ et $b$. On remonte ainsi la suite
des opérations, et on en conclut finalement le nombre de chiffres à
conserver dans les nombres donnés.

On fait ensuite les opérations sur les nombres ainsi simplifiés, et
on ne conserve dans chaque résultat que les chiffres exacts.

**82. Exemple.** — *Calculer à 0,001 près la valeur de l'expression*

$$\frac{\pi\sqrt{2}}{\sqrt{3}-1}.$$

(Arts et Métiers, 1890.)

On remarque d'abord que cette expression peut s'écrire

$$n = \frac{\pi\sqrt{2}\,(\sqrt{3}+1)}{2} = \frac{\pi(\sqrt{6}+\sqrt{2})}{2} = \frac{\pi(a+b)}{2}.$$

La division par 2 ne pouvant que diminuer l'erreur, il suffit de
connaître le numérateur avec trois décimales (dont deux exactes).
Pour cela (68), comme aucun des facteurs ne commence par 1, il
suffit de prendre 4 décimales *exactes* dans chacun des facteurs.

On prendra donc pour $\pi$ la valeur 3,1415.

Pour avoir $\sqrt{6}+\sqrt{2}$ avec quatre décimales exactes, il suffit
de prendre chacun de ces nombres par défaut avec 5 décimales;
l'erreur de la somme sera inférieure à $\dfrac{2}{10^5}$, et par défaut.

$$\sqrt{6} = 2{,}44986$$
$$\underline{\sqrt{2} = 1{,}41423}$$
$$s = 3{,}86409$$

Multiplions 3,1415 par 3,8640 et ne conservons dans le résultat
que les trois premières décimales en forçant la troisième; il vient,
après division par 2,

6,069.

**83.** Reprenons l'exemple traité (61).

*Calculer à 0,01 près le nombre*

$$n = \frac{14{,}178923 \times \sqrt{83{,}015}}{3{,}21789} = \frac{b\sqrt{c}}{d}.$$

$$n_1 = \sqrt{c}, \qquad n_2 = bn_1, \qquad n = \frac{n_2}{d}.$$

Comme on ne spécifie pas que la valeur approchée à calculer
doive l'être par défaut, et qu'on reconnaît aisément que cette valeur

a deux chiffres a sa partie entière, il suffira de connaître le nombre $n$ avec 4 chiffres (dont 3 exacts).

Donc (65) il suffira de connaître $d$ avec 5 chiffres *exacts* et $n_2$, qui commence par 1, avec 6 chiffres exacts. On prendra donc

$$d_1 = 3,2178.$$

Pour connaître $n_2 = bn_1$ avec 6 chiffres exacts, il suffit (63) d'en prendre 9 dans $b$ qui commence par 1, et 8 dans $n_1 = \sqrt{c}$. Il faut donc prendre tous les chiffres décimaux dans $b$ et extraire la racine carrée de $c$ avec 8 chiffres exacts.

On aperçoit ici tout le désavantage de la méthode lorsqu'il faut exécuter plusieurs opérations successives ; le nombre des chiffres à conserver augmente très rapidement, surtout lorsque quelques-uns des nombres commencent par l'unité.

La méthode des erreurs absolues réduit cet inconvénient au minimum ; quoiqu'elle soit compliquée de l'écriture et de la résolution des inégalités, c'est en définitive celle qui est préférable, dès qu'on dépasse deux opérations successives.

## RÉSUMÉ DU CHAPITRE V

*Calculer avec un certain nombre de chiffres exacts le résultat d'une formule numérique donnée.*

### Multiplication et division.

1. Pour calculer avec $m$ chiffres exacts le produit ou le quotient de deux nombres donnés, il suffit de prendre $m+2$ chiffres dans ces nombres si aucun d'eux ne commence par 1, et $m+3$ dans celui qui aurait 1 pour premier chiffre significatif à gauche.

2. Pour connaître avec $m$ chiffres (dont $m-1$ exacts) le produit ou le quotient de deux nombres donnés, il suffit de prendre $m+1$ chiffres dans chaque nombre si aucun d'eux ne commence par 1, et $m+2$ dans celui qui aurait 1 pour premier chiffre significatif à gauche.

Cette règle ne doit être employée que lorsque les $m$ chiffres ainsi déterminés ne doivent pas servir à une nouvelle opération.

3. Pour calculer avec $m$ chiffres exacts le carré d'un nombre, il suffit d'en prendre $m+2$ dans le nombre s'il ne commence pas par l'unité, et $m+3$ dans le cas contraire.

4. Pour connaître avec $m$ chiffres (dont $m-1$ exacts) le carré d'un nombre, il suffit d'en prendre $m+1$ dans le nombre si son premier chiffre significatif à gauche est différent de 1, et $m+2$ dans le cas contraire.

Même observation que pour (2).

## Racine carrée et cubique.

5. Pour obtenir la racine carrée d'un nombre avec $m$ chiffres exacts, il suffit d'en prendre $m + 2$ dans le nombre ; on pourra se contenter d'en prendre $m + 1$ si le double du premier chiffre du nombre est plus grand que le premier chiffre de la racine.

6. Pour connaître la racine carrée d'un nombre avec $m$ chiffres (dont $m - 1$ exacts), il suffit de prendre $m + 1$ chiffres dans le nombre ; on pourra se contenter d'en prendre $m$ si le double du premier chiffre du nombre est supérieur au premier chiffre de la racine.

7. Pour obtenir la racine cubique d'un nombre avec $m$ chiffres exacts, il suffit d'en prendre $m + 2$ dans le nombre ; on pourra se contenter d'en prendre $m + 1$ si le triple du premier chiffre du nombre est supérieur au premier chiffre de la racine.

8. Pour connaître avec $m$ chiffres (dont $m - 1$ exacts) la racine cubique d'un nombre, il suffit de prendre $m + 1$ chiffres exacts dans le nombre ; on pourra se contenter d'en prendre $m$ si le triple du premier chiffre du nombre est plus grand que le premier chiffre de la racine.

9. Pour calculer avec un nombre de chiffres donné le résultat d'une formule complexe, on désigne par des lettres les nombres à simplifier, ainsi que les résultats des opérations successives. — Du nombre de chiffres qu'on veut obtenir au résultat final, on déduit le nombre de chiffres *exacts* qu'il faut connaître dans les nombres $a$ et $b$ qui servent à calculer ce résultat ; de ces nombres, on déduit le nombre de chiffres exacts qu'il faut connaître dans les nombres qui ont servi à former $a$ et $b$, etc.

Pour la première détermination, on peut se servir des règles 2, 4, 6, 8 si le sens de l'erreur du résultat final n'est pas spécifié. Pour les autres, il faut employer les règles 1, 3, 5, 7.

# EXERCICES PROPOSÉS

## CHAPITRE I

**1.** Les nombres 38785, 76,5214, 0,0561 sont connus à une unité près de leur dernier chiffre ; indiquer une limite supérieure de leur erreur relative.

**2.** Le nombre approché 43,529178 a 5 chiffres exacts ; quelle est une limite supérieure de son erreur relative ?

**3.** Soit le nombre approché 786,48935781 ; indiquer le nombre de ses chiffres exacts en supposant que son erreur relative a pour limite supérieure l'une des fractions

$$\frac{1}{10000} , \quad \frac{1}{40000} , \quad \frac{1}{90000} , \quad \frac{1}{529341} , \quad \frac{67}{21879345} .$$

## CHAPITRES II ET III

**4.** Les deux côtés d'un rectangle ont été mesurés à $1^{cm}$ près, et on a trouvé

$$a = 72^m,41, \qquad b = 561^m,64 ;$$

avec quelle approximation peut-on calculer l'aire de ce rectangle ?

**5.** Avec quelle approximation peut-on connaître la hauteur d'un parallélépipède rectangle dont le volume est

$$12^{mc},789347$$

et la base

$$5^{mq},4912,$$

sachant que chacun de ces nombres est connu à une unité près de son dernier chiffre ?

**6.** Avec quelle approximation peut-on connaître le rayon d'une circonférence dont l'aire est égale à $2^{mq},278$ à une unité près de son dernier chiffre, sachant qu'on emploie pour $\pi$ le nombre 3,1416 ?

**7.** Les rayons des deux bases d'un tronc de cône et son apothème ont respectivement pour longueurs à $1^{cm}$ près :

$$R = 17^m,64, \qquad r = 6^m,85, \qquad a = 13^m,23.$$

Avec quelle approximation peut-on obtenir sa surface totale ?

(École Navale, 1896.)

**8.** En mesurant l'hypoténuse $a$ et le côté $b$ d'un triangle rectangle ABC, on a trouvé

$$a = 75^m \quad \text{à} \quad \pm 0^m,2 \quad \text{près,}$$
$$b = 32^m \quad \text{à} \quad \pm 0^m,1 \quad \text{près;}$$

on demande l'approximation avec laquelle on peut obtenir l'angle B.

(École Navale, 1894.)

On remarque que

$$\sin B = \frac{b}{a},$$

d'où

$$B = \arc \sin \frac{b}{a},$$

et on applique la formule générale.

**9.** Déterminer l'approximation avec laquelle on peut obtenir l'angle B d'un triangle ABC rectangle en A, connaissant à $1^{dm}$ près les valeurs suivantes des côtés $b$ et $c$ :

$$b = 64^m,6, \qquad c = 157^m,5.$$

(École Navale, 1894.)

**10.** Avec quelle approximation peut-on calculer l'angle $x$ donné par l'équation

$$a \sin x + b \cos x = c,$$

dans laquelle les nombres

$$a = 1,2, \qquad b = 2,7, \qquad c = 1,8$$

sont connus à une unité près de leur dernier chiffre ?

**11.** On connaît $\dfrac{1}{\pi}$ avec 7 chiffres exacts ; sur combien de chiffres exacts peut-on compter dans la valeur de $\pi$ qu'on en déduit ?


## CHAPITRE IV

**12.** Calculer le nombre $\pi + \sqrt{13} - \sqrt{3}$ à 0,001 près.

**13.** Calculer par la règle d'Oughtred les produits

$$329,78932541\ldots \times 21,7854369\ldots$$
$$12,71436\ldots \times 0,0327681\ldots$$
$$0,004325\ldots \times 0,1432\ldots$$

à $\dfrac{1}{10000}$ près.

**14.** Calculer le carré de $\pi$ à 0,001 près.

**15.** Calculer à $1^{cmq}$ près la surface d'une sphère dont le rayon est égal à $71^m,592$ à une unité près de l'ordre de son dernier chiffre.

**16.** Calculer le rayon du cercle dont la surface vaut 1 hectare ; on n'emploiera que les deux premières décimales du nombre $\pi$, et on ne conservera au résultat que les chiffres exacts.

(*École Navale*, 1885.)

**17.** Calculer à 0,001 près le produit $\pi\sqrt{3}$.

(*École Navale*, 1886.)

**18.** Calculer à 0,01 près, en centièmes, la valeur de

$$\sqrt{\frac{\pi \times 9,87654321}{17}}.$$

(*École Navale*, 1888.)

**19.** Calculer à 0,001 près la valeur de

$$N = \sqrt{1 - \frac{3\sqrt{3}}{4\pi}}.$$

(*École Navale*, 1893.)

**20.** Calculer à 0,01 près le nombre

$$N = \sqrt{\frac{5\pi}{\sqrt{3}}}.$$

**21.** Calculer à 0,01 près le cosinus de l'angle B d'un triangle ABC rectangle en A, dont les côtés $b$ et $c$ ont pour longueurs

$$b = 115^m,6543, \qquad c = 17^m,4326.$$

(*École Navale*, 1889.)

**22.** Calculer à $\pm 0,001$ la valeur de tg $15°$ par la formule

$$\sqrt{\frac{1 - \cos 30°}{1 + \cos 30°}}.$$

(*École Navale*, 1890.)

**23**. Calculer à 0,001 près la tangente de 18°, en remarquant que le sinus de cet arc est la moitié du côté du décagone régulier inscrit.

(*École Navale*, 1892.)

**24**. Calculer à 0,001 près les racines de l'équation
$$x^4 + \pi x^2 - 7,6 = 0.$$

(*École Navale*, 1895.)

**25**. Calculer le nombre $\pi$ à 0,0001 près, sachant que

$$\frac{1}{\pi} = 0,318309886\ldots$$

**26**. Calculer à moins d'un millimètre près le rayon d'un cercle tel que, sur ce cercle, un arc de $83°21'42''$ ait une longueur égale à $0^m,0452$.

**27**. Calculer à $1''$ près la graduation d'un arc de $235^{mm}$ sur une circonférence de rayon $970^{mm}$.

**28**. Calculer $\sqrt[8]{5}$ à 0,01 près.

**29**. Calculer à $\pm 0,035$ la valeur de
$$N = \sqrt{\frac{45 \times 50,213642}{3,1415926}}.$$

**30**. Calculer à $\pm 0,02$ la valeur de
$$N = \frac{(0,11702\pi + 1,43115)^2}{\sqrt{2\sqrt{3} + 5,01264}}.$$

Appliquer à ces deux derniers exercices le procédé indiqué par M. Guyou.


## CHAPITRE V


**31**. Calculer $\pi + \sqrt{3}$ à un millième près de sa valeur.

**32**. Calculer $\pi - \sqrt{5}$ avec trois chiffres exacts.
Revenir pour ces deux exercices à l'erreur absolue.

**33**. Calculer $\pi^2$ avec quatre chiffres exacts.

**34**. Calculer $\pi^2\sqrt{3}$ avec trois chiffres (dont deux exacts).

**35**. Calculer avec cinq chiffres (dont quatre exacts) le volume de l'anneau sphérique engendré par un segment de cercle dont la corde est de 6$^m$, le rayon de 10$^m$, et qui tourne autour d'un diamètre faisant 30° avec la corde.

**36.** Calculer le quotient $\dfrac{\pi}{\sqrt{6}}$ avec une erreur relative au plus égale à 0,001.

**37.** Calculer à 1 centimètre près la hauteur d'une pyramide triangulaire dont la base est un triangle équilatéral qui a pour côté 1$^m$,5 et dont le volume équivaut à celui d'une sphère de 2$^m$ de rayon.

**38.** Évaluer avec trois chiffres exacts le rayon d'un cercle dont l'aire est de 54$^{mq}$.

**39.** Évaluer $\sqrt[3]{\pi}$ à 0,01 près.

**40.** Évaluer la surface comprise entre le périmètre d'un hexagone régulier et celui du triangle formé en joignant deux à deux les sommets de l'hexagone. Calculer cette surface à moins d'un centimètre carré, sachant que le rayon de la circonférence circonscrite à l'hexagone vaut 1$^m$,75.

(Arts et Métiers, 1881.)

**41.** Calculer à moins d'un centimètre près le périmètre d'un dodécagone inscrit dans un cercle de 1$^m$,56 de diamètre.

(Arts et Métiers, 1885, énoncé partiel.)

**42.** Un polygone irrégulier dont les côtés sont tous tangents à une circonférence de 0$^m$,85 de rayon a un périmètre de 6$^m$,80. Calculer à moins d'un centimètre près le côté de l'hexagone régulier de surface équivalente.

(Arts et Métiers, 1886.)

**43.** Calculer à 0,01 près le côté du carré équivalent au triangle équilatéral dont l'apothème a 2$^m$,19 de longueur.

(Arts et Métiers, 1887.)

**44.** On demande de calculer à $\dfrac{1}{500}$ près la hauteur et à $\dfrac{1}{10\,000}$ près le volume d'une pyramide régulière sachant :

1° que la base de cette pyramide est un hexagone de 1$^m$,47 de côté ;

2° que l'aire latérale est quadruple de celle de la base.

(Arts et Métiers, 1888.)

**45.** Sachant que le mètre est la dix-millionième partie du quart de la circonférence d'un grand cercle de la terre supposée sphérique, on demande de calculer la surface de la terre, à moins d'un kilomètre carré près.

*(Arts et Métiers, 1889 )*

Ce calcul était impossible pour des candidats ne connaissant pas *neuf* décimales du nombre $\pi$.

**46.** Calculer à un millimètre près les dimensions du litre, du décalitre et de l'hectolitre qu'on emploie pour les matières sèches, sachant que ces mesures ont la forme de cylindres droits à base circulaire, et que la hauteur de chacune d'elles est égale au diamètre de la base.

*(Arts et Métiers, 1891.)*

**47.** On demande à $\dfrac{1}{1000}$ près de sa valeur totale le poids d'un corps en forme de prisme hexagonal régulier dont la hauteur est sextuple du côté de la base, sachant que ce côté a 0<sup>m</sup>,006 de longueur et que la densité du corps est 2,7.

*(Arts et Métiers, 1892.)*

**48.** Quelles doivent être à un centimètre près les valeurs du côté d'un cône dont le diamètre est égal au côté :

1° pour que sa surface convexe soit de 1<sup>mq</sup> ;

2° pour que son volume soit de 1<sup>mc</sup> ?

*(Arts et Métiers, 1894.)*

**49.** Un parallélépipède rectangle a ses trois dimensions respectivement proportionnelles à 1, 2, 3, et la superficie totale de ses faces est de 25 décimètres carrés.

Calculer à moins d'un dix-millième près chacune des trois dimensions et à moins d'un centième près le volume de ce parallélépipède.

*(Arts et Métiers, 1895.)*

N. B. — Nous engageons le lecteur à traiter aussi tous ces exemples par la méthode des erreurs absolues ; il verra qu'elle conduit en général à prendre moins de chiffres dans les nombres donnés.

# TABLE DES MATIÈRES

## CHAPITRE I

### Des Erreurs.



## CHAPITRE II

### Division du problème et formules des erreurs.



## CHAPITRE III

### Détermination d'une limite supérieure de l'erreur du résultat d'une formule, connaissant les limites supérieures des erreurs des nombres qui figurent dans cette formule.

## CHAPITRE IV

### Calcul du résultat d'une formule numérique donnée avec une approximation donnée.

#### (ERREURS ABSOLUES)



## CHAPITRE V

### Calcul du résultat d'une formule numérique donnée avec une approximation donnée.

#### (ERREURS RELATIVES)



Bar-le-Duc. — Imp. Comte-Jacquet. Facdouel, Dir.